::::
sm**a**rt **Business** C**o**nc**e**pts

4. aktualisierte Auflage 2016

Smart Business Concepts – Jesteburg 2016

ISBN: 978-3-943895-00-1

www.smartbusinessconcepts.de

Verlag:
Smart Business Concepts
© Conta Gromberg Communication GmbH & Co. KG
21266 Jesteburg

Brigitte Conta Gromberg
Ehrenfried Conta Gromberg

smart
BUSINESS
concepts

FINDEN SIE DIE
GESCHÄFTSIDEE,
DIE IHR LEBEN
VERÄNDERT !

9 Schritte für Solopreneure
und smarte Teams

Erfolgreiche Unternehmen entstehen im Kopf

Ich freue mich über das Buch *Smart Business Concepts*, weil es die Gedanken von *„Kopf schlägt Kapital"* aufnimmt und sehr praktisch an die Fragen des Entrepreneurial Designs heranführt.

Brigitte und Ehrenfried Conta Gromberg stellen dabei die Person des Gründers in den Mittelpunkt. Das deckt sich mit meinen Erfahrungen, dass es für den Erfolg entscheidend ist, authentisch zu bleiben und sich ein Feld zu suchen, in dem die eigenen persönlichen Vorlieben und Stärken liegen. Es geht nicht um „opportunity recognition", die günstige Gelegenheit, sondern um die Stimmigkeit zur eigenen Person.

Ein Entrepreneurial Design zu entwickeln, ist ein Prozess. Die neun Schritte dieses Buches spiegeln das gut wieder. Die Vorstellung, dass erfolgreiches Gründen mit einer zündenden Idee beginnt, ist tief verankert. Mit dieser Vorstellung kommen Sie aber nicht weiter. Es braucht ein tragfähiges Konzept. Ein überzeugendes Entrepreneurial Design ist meist das Ergebnis eines beharrlichen, hartnäckig-konsequenten Arbeitens an der Lösung eines Problems.

Im Kern geht es darum, alle Abläufe respektlos anzusehen, zu fragen, ob das, was gestern noch als vernünftig erschien, heute nicht einfacher oder mit moderneren Mitteln bewältigt werden kann.

Wer „smart" gründen will, stellt also den ganzen Prozess infrage, statt nach kleinen Verbesserungen zu suchen.

Heute müssen Gründer nicht mehr jeden Unternehmensbereich selbst aufbauen. Felder wie Buchhaltung, Rechnungswesen oder Logistik sind viel zu komplex. Gründen mit Komponenten – das ist das Gebot der Stunde. Klug ist, wer sich traut, sich auf seine Stärken zu konzentrieren und den Rest an professionelle Dienstleister abzugeben.

Fangen wir an, das Bestehende umzubauen zu etwas gemeinsam Besserem und Verträglicherem. Warten Sie nicht auf das Kapital, setzen Sie auf Ihren Kopf und lesen Sie dieses Buch mit offenen Augen.

Ihr

Günter Faltin

Günter Faltin, Professor für Entrepreneurship, baute an der *Freien Universität Berlin* den Arbeitsbereich Entrepreneurship auf. Bekannt wurde er durch die *Teekampagne* und die beiden Bücher ▶ *Kopf schlägt Kapital* und ▶ *Wir sind das Kapital*. Die von ihm errichtete *Stiftung Entrepreneurship* veranstaltet den *Entrepreneurship Summit*, Deutschlands meistbesuchten Kongress zum Thema.

Lassen Sie sich anstecken

Mehr Leichtigkeit – wer träumt davon nicht?

Aber mal ehrlich: Glauben Sie, dass Sie durch einen Coach, ein Buch oder durch den Besuch eines Seminars wirklich mehr Leichtigkeit in Ihrem Alltag erleben werden?

Aus vollem Herzen „Ja" sagen zu dieser Frage nur sehr wenige. In unserem immer schärfer auf Effizienz getrimmten Wirtschaftssystem wird es nicht leichter, für niemanden. Die Menschen, die das mit der Leichtigkeit draufhaben, sind längst aus diesem System ausgestiegen. Sie leben auf einer Mittelmeerinsel oder unter der Brücke einer Großstadt. Aber wir, wir sind hier geblieben, weil wir verantwortungsbewusst sind, weil wir vielfältige Verpflichtungen haben oder weil wir einfach nicht den Mumm aufgebracht haben, abzuhauen ...

Und jetzt soll es plötzlich leichter gehen?

Ich will selbst ehrlich sein. Den Glauben an ein leichteres, freieres, gelasseneres Leben spüre ich bei mir auch zu selten.

Doch genau das ist das Problem.

Viele Menschen haben sich das Träumen und Wünschen abgewöhnt. „Wird ja doch nichts!", sagen sie.

Aber das stimmt nicht. In jedem Menschen stecken noch große Träume und Wünsche. Entdecken Sie Ihre großen Bilder wieder neu:

- Einer Arbeit nachgehen, die Sie zufrieden und glücklich macht.
- Einen Partner haben, der stolz ist auf Sie und Ihre Tätigkeit.
- Gutes bewirken können, Menschen ermutigen und helfen.
- Sich etwas dauerhaft Schönes leisten können usw.

Das sind nur ein paar kleine Beispiele. In Ihnen schlummern sicher noch größere Visionen. Wie Glutfunken in einem erloschenen Feuer. Der erste Rat lautet daher: Knien Sie sich vor Ihr inneres Feuer und blasen Sie in die Glut. Diese inneren Bilder sind der Treibstoff, der Sie dazu geführt hat, dieses Buch in die Hand zu nehmen und schon mal dieses Vorwort bis hierher zu lesen.

Und nun kommen Brigitte und Ehrenfried Conta Gromberg und behaupten, es gibt Geschäftsmodelle, die es Ihnen leichter machen und Ihnen helfen, Ihre Bilder zu erreichen.

Bitte, bleiben Sie dran.

Mit dem richtigen Handwerkszeug (das finden Sie in diesem Buch) und dem Feuer Ihrer Begeisterung (ein paar Funken davon haben Sie ja bereits entdeckt) ist ein neues, leichteres, begeistertes und auf herrlich einfache Weise kraftvolles Leben möglich.

Brigitte und Ehrenfried Conta Gromberg sind erfahrene und seriöse Lehrmeister für diesen vor Ihnen liegenden Weg. Lassen Sie sich anstecken von der positiven Kraft der beiden, mit der sie schon viele Einzelpersonen und ganze Unternehmen angefeuert haben.

Ihr

Werner Tiki Küstenmacher

Werner Tiki Küstenmacher

Werner Tiki Küstenmacher ist Redner und Bestseller-Autor.
Sein Buch *simplify your life* stand 2002 bis 2007 dauerhaft auf der Spiegel-Bestsellerliste.

▶ Siehe Fallbeispiel Seite 118

*Steigern Sie Ihre
Unabhängigkeit
und senken Sie Ihre
Arbeitsbelastung*

Neun Schritte zu mehr Leichtigkeit

Spiel fair und denk groß.

Xavier Naidoo in „Mut zur Veränderung"

Einführung

Möchten Sie Ihre Unabhängigkeit
steigern und Ihre Arbeitslast senken?

Dann gilt es, anders zu
arbeiten als bisher.

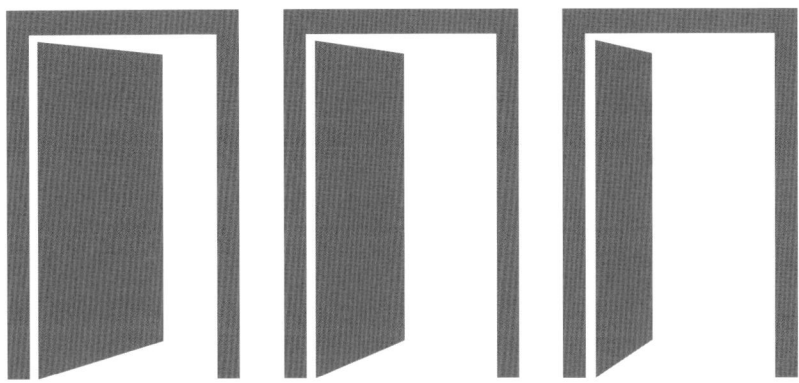

Die Zeit dafür ist reif.

Unsere Gesellschaft ist im Umbruch
und die Türen stehen weit offen für
ein neues Denken und Arbeiten.

Warum dies Ihr Buch ist

Wir wissen nicht, warum Sie dieses Buch lesen, aber wir gehen davon aus, dass Sie es tun, weil Sie Interesse an neuen Geschäftsideen haben und Ihr Leben verändern wollen. Wenn dem so ist, dann ist dies Ihr Buch.

Wir haben dieses Buch geschrieben, weil wir gerne am Anfang unserer Laufbahn ein solches gelesen hätten. Als wir vor 20 Jahren in die Selbstständigkeit gingen hat uns niemand gesagt, dass wir eigentlich *Solopreneure* sind. Viele Fehler in unserer Laufbahn wären uns mit diesem Wissen nicht passiert. Es ist insofern ein sehr persönliches Buch und gibt an vielen Stellen unsere Meinung wieder. Aber nicht nur.

Smart Business Concepts sind Geschäftskonzepte, die die eigene Freiheit erhalten. Freier zu arbeiten – smart working – ist die Chance unserer Generation. Das Phänomen dieser neuen Geschäftskonzepte hat vor uns niemand als eigenen *Geschäftstyp* benannt. Das scheint uns wichtig: Erst, wenn etwas bekannt und benannt ist, kann man sich dafür entscheiden.

Nach welcher Währung wollen Sie Ihr Leben leben?

Der Weg zu Ihrem Smart Business Concept beginnt bei Ihrer Person und der Frage: **Wohin wollen Sie?** Die meisten, die mit uns smarte Geschäftsmodelle entwickeln, wollen ihre Unabhängigkeit zurück. Irgendwie ist diese auf ihrem Weg verloren gegangen. Häufig sind dies Inhaber, Unternehmer oder Selbstständige, die nach neuen Arbeitsmustern suchen.

Dies ist zugleich eine Frage, nach Ihren Vorbildern.

Deutschland fährt gerade wieder die Start-up Szene nach oben. In Berlin, Hamburg, Köln und München steigt die Stimmung. Als wir das Buch in der ersten Auflage schrieben, ging zeitgleich Facebook an die Börse. Die Medien schreiben von jungen Männern, die in kurzer Zeit reich werden. Wir nennen dies das „Zuckerberg-Fieber" und raten dazu, sich nicht davon anstecken zu lassen. Gleich, ob Sie 20 oder 40 Jahre alt sind.

solo ist möglich

Entscheidet man sich, solo zu sein, wird man oft noch belächelt. Andere bewerten einen nach den Insignien einer Firma: Gebäude, Mitarbeiter, Dienstwagen oder in der Start-up Szene nach der Größe des Teams oder der Höhe der Investorengelder. Wir glauben nicht, dass dies die wichtigen Kriterien sind. Wir schätzen die deutsche Start-up Szene, teilen aber nicht das ungeschriebene Gesetz, dass nur ein Team erfolgreich sein kann. *Es ist möglich, alleine mit einer smarten Aufstellung seinen Weg zu gehen!* Ob wirklich alleine oder als Paar, wie wir, spielt dabei keine Rolle.

Als wir 1993 unser erstes Apple-Laptop kauften, wussten wir noch nicht, dass wir uns damit weit mehr als nur eine moderne Arbeitsmaschine ins Leben holten. Heute, einige dieser Silberlinge weiter, stehen wir mitten in einer lebendigen Szene von Menschen, die anders arbeiten. Wir nennen sie *Solopreneure* und initiierten 2013 den weltweit ersten *Solopreneur Day*.

Wir haben als Ehepaar 4 GmbHs in unserem Leben gegründet, darunter zwei frühe Start-ups in der Hamburger Szene. Wir waren zwei Jahre vom Zuckerberg-Fieber angesteckt und mussten aus der einen oder anderen Sackgasse zurückfahren. Heute arbeiten wir ohne Angestellte außerhalb der großen Stadt aus unserem Home-Office in Jesteburg, sind in nur 10 Minuten mitten in der Lüneburger Heide, haben aktuell zwei Firmen, sind als Business Angel tätig und begleiten Menschen, die anders – leichter – arbeiten wollen. Heute wissen wir genau, was wir wollen.

Die Erfahrungen aus unseren Firmen und den Begegnungen mit vielen Solopreneuren stecken in diesem Buch und den anderen Materialien unseres Programms *Smart Business Concepts*.

Uns lassen diese smarten Geschäftskonzepte einfach nicht los.
Wir sind sicher, es wird Ihnen ebenfalls so ergehen.

Fangen wir mit einem ersten Beispiel an, der HASENFARM.

Anders sein – warum macht man das?

Auf der *NEXT Berlin 2012* – einer der führenden Konferenzen für digitales Business in Europa – steht ein Hamburger auf der Bühne und erzählt, wie er eine Hasenfarm gegründet hat.

Nicht mit echten Hasen. Sondern mit T-Shirts.

Henning Groß betreibt mit der HASENFARM eine Website, die viele, die sich zum ersten Mal auf seine Seite verirren, nicht für ganz ernst nehmen. Zu unrecht. Denn Henning Groß verdient mit seinem „Hasen-T-Shirt-Shop" Geld. Geld, das Monat für Monat in seine Unabhängigkeit einzahlt.

Nun die entscheidenden drei Fragen an Sie:

A – Gibt es Ihrer Meinung nach genug T-Shirts in Deutschland?
B – Hätten Sie „Hasen-T-Shirts" als Marktlücke entdeckt?
C – Hätten Sie einen T-Shirt-Shop HASENFARM genannt?

Die wahrscheinliche Antwort der meisten Deutschen: Ja - Nein - Nein.

Der Umsatz des Shops wuchs so wie normalerweise nur Kaninchen . . .

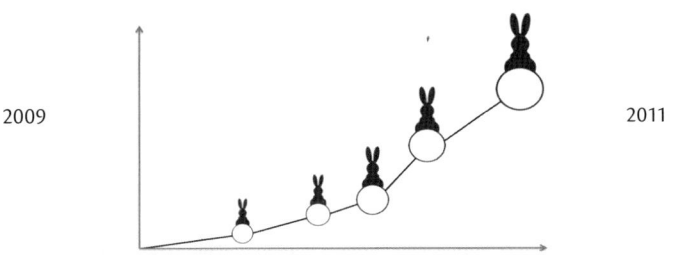

2009   2011

April '09   Dec '09   June '10 Dec '10 March '11   Dec '11

Wie kommt man auf solche Ideen?
Wie kommt man auf solche Ideen und hat Erfolg damit?
Die Frage des „wie?" hat etwas mit der Frage des „warum?" zu tun.

Angenommen Sie hätten nur ein Notebook und wären gestrandet ...

Die HASENFARM entstand in einer Zeit, in der Henning Groß und seine Lebensgefährtin beschlossen, einiges anders zu tun. Unter anderem war es Zeit, einmal die Welt zu sehen. Ein Jahr „Slow Travelling" führte dazu Altes abzureißen und Neues aufzubauen. In einem ersten Experiment stellte Henning Groß 2009 auf *Spreadshirt* ein erstes Hasenmotiv ein, den *Kamikhaze* (der später durch den *Möhrenkiller* und andere skurrile Motive ergänzt wurde). Der Gedanke, daraus die eigene Marke HASENFARM zu formen, entstand in einem Guesthouse auf Borneo. Die erste Umsetzung erfolgte über ein kleines Reise-Notebook von unterwegs.

Als wir Henning Groß 2011 kennenlernten, war die HASENFARM bereits ein Erfolg. Aus dem Experiment war ein regelmäßiges, passives Einkommen geworden. Henning Groß steht für eine neue Generation von EntrepreneurInnen, die bewusst ihre eigenen Wege gehen und damit erfolgreich sind. In seinem Lebenslauf stehen gute Positionen bei renommierten Unternehmen, eine Biografie, mit der er leicht in der Anstellung hätte bleiben können. Aber das wollte er nicht. Und damit sind wir bei der HASENFARM und der Frage, wie Sie in Zukunft arbeiten wollen.

Die Türen stehen offen für neue Vorgehensweisen

Henning Groß ist ein Beispiel, wie neue Technik im Netz die Türen für neues Business öffnet. Ein eigenes Sortiment aufzubauen war für ihn viel einfacher, als er dachte. Jetzt hat er ein schuldenfreies *Smart Business Concept*. Mehr noch: Die HASENFARM engt Henning Groß nicht ein. Sie lässt ihm Freiheit für weitere Geschäftsideen. In den letzten Jahren haben wir gezielt nach Solopreneuren gesucht und uns mit ihnen getroffen. Einige haben mehrere Business-Stränge parallel (wie Henning Groß). Andere bauen hohe Umsätze über eine einzige Idee auf. Wir behaupten: Viel mehr können ihren Weg ebenfalls unkonventionell gehen.

Doch was ist eigentlich neu an den neuen Konzepten?

Smartes Business Getriebe mit wenig Risiko

Henning Groß hatte für einen angeblich übersättigten Markt eine Idee und schuf einen Markt, den Hasen-T-Shirt-Markt, den es vorher nicht gab. Aber nicht nur Inhalt und Name seines Online-Shops sind anders. Wer sich die Idee von Henning Groß näher ansieht, bemerkt, dass sein Business ein weiteres smartes Merkmal aufweist.

Die HASENFARM von Henning Groß ist zwar seine eigene Marke und sein eigenes Herzblut, *er nutzt aber Technik von anderen.* Sein gesamtes Business hat er sich im Web aus bestehenden Lösungen zusammengestellt und greift komplett auf bestehende Strukturen von Dienstleistern zurück. Mit der Bestellung eines Hasen-T-Shirts geht der Besteller einen Vertrag mit einem Partner ein, nicht jedoch mit Henning Groß. Viele Arbeitsabläufe (Prozesse), die anderen zu Beginn Kopfschmerzen bereiten, kümmern ihn nicht. Für den technischen Shopbetrieb, die Warenbeschaffung, Qualitätskontrolle, Import, Druck, Zahlungs- und Reklamationsabwicklung sind Partner verantwortlich.

Durch diese Aufstellung hat Henning Groß so gut wie kein Risiko. Er nutzt die Bausteine anderer mit einem eigenen Konzept. So etwas nennt *Prof. Faltin* von der Freien Universität Berlin eine **Komponenten-Gründung**. Oder wir sagen: Henning Groß ist smart.

Chronologie der HASENFARM

2009 als ein Partnershop von *Spreadshirt* von unterwegs aus gestartet. Erste Verkäufe ermutigen. Daraufhin wurde der Shop kontinuierlich um weitere Hasen-Designs ergänzt. Nach und nach Nutzung weiterer Marktplätze in Europa, Nordamerika und Kanada.

Das nächste Level – der eigene Charakter

Noch farmiger wurde es durch die Umgestaltung des Partnershops. Die HASENFARM nutzt seitdem zwar die Technik von *Spreadshirt*, geht aber geschmacklich ganz eigene Wege. Es erfolgte zusätzlich die Einbindung eines eigenen Content-Management-Systems, um die Shop-Plattform mit eigenen Inhalten und Verkaufsmaßnahmen anzureichern.

- Eintragung von "HASENFARM" als geschützte Marke
- Marketing & Kooperationen zur Steigerung der Bekanntheit
- Nutzung von Social Media Netzwerken

So ging Henning Groß vor

- Er experimentierte und reagierte, als Kunden kauften
- Er investierte wenig Geld aber viele Ideen
- Er setzte auf ein Sortiments-Modell (heute über 70 Motive)
- Er nutzte die Komponenten anderer mit eigenem Kopf
- Er wählte einen guten Markennamen
- Er hat einen langen Atem und baut Schritt für Schritt auf

Die HASENFARM war von Henning Groß nicht als Vollerwerb geplant. Dieses Smart Business Concept betreibt er mit seiner Lebensgefährtin nebenbei. Doch die Hasen machen nicht nur Spaß: Die monatlichen Provisionen schwanken zwar saisonal, ermöglichen es aber dem Paar gut, ihre Miete in Hamburg davon zu bezahlen. Das zeigt, was mit wenig Aufwand machbar ist. 2014 schaffte er es sogar auf RTL2 ins Fernsehen – nicht schlecht für einen Online-Webshop ohne eigene Technik.

www.hasenfarm.com

Zeit für Ihre smarte Geschäftsidee

Geschäftsmodelle sind Lebensmodelle

Dieses Buch handelt davon wie Sie umsetzbare Ideen entwickeln und erfolgreich machen, um damit Ihre Lebensziele zu erreichen. Wir nennen dies den biografischen Ansatz. Dieses Buch handelt nicht vom Internet – auch wenn es einiges darüber sagt – es geht um Geschäftsmodelle und warum diese auch immer zugleich Lebensmodelle sind. Es handelt davon, wie Sie Geschäftsmodelle für sich so anpassen, dass sie passen.

Smart sein ist möglich

Ideen, die Ihr Leben positiv verändern, sind kein Zufall. In den letzten Jahren tauchen immer mehr Geschäftskonzepte auf, die sich von alten Mustern der Selbstständigkeit lösen. Begriffe wie *Smart Working*, *Komponenten-Gründung* und *Lifestyle Business* machen die Runde. Es gab bisher aber niemanden, der hinter die Systematik solcher Geschäftsideen geschaut hat. Es gibt Muster, und Sie können sich an diesen orientieren.

Wir haben die smarten Konzepte für Sie systematisiert

Wir sind nicht die ersten, die über *Querdenken* oder *Geschäftsmodelle* schreiben. Aber wir sind unseres Wissens nach die ersten, die diese neuen, smarten Konzepte systematisiert und dafür ein Raster entwickelt haben. *18 exemplarische Konzepte* haben wir aufgeschlüsselt, die Sie wie einen Baukasten nutzen können. Wichtig war uns, Ihnen viele Möglichkeiten zu zeigen. Nicht nur zwei oder drei.

Erst das Warum, dann der erweiterte Blick, dann die Konzepte

Ihre Herausforderung wird sein, unter den vielen Möglichkeiten Ihren Weg zu finden. Wir starten daher nicht sofort mit den 18 exemplarischen Konzepten, sondern führen Sie durch einige vorbereitende Schritte, da die Schlacht im Kopf gewonnen wird. Nicht die Ideen sind das Problem, sondern häufig unser Kopf, der alte Dinge nicht loslassen will.

Ihr Warum klären und den Geschäftstyp festlegen

• Wo wollen Sie persönlich ankommen?
• Welche Art von Unabhängigkeit streben Sie an?
• Welcher Geschäftstyp ist für Sie richtig?

Welches Geschäftsmodell entspricht Ihnen am ehesten?

• Lernen Sie grundlegende (Solopreneur-)Geschäftsmodelle kennen.
• Entscheiden Sie sich (zunächst) für E I N Geschäftsmodell.
• Suchen Sie dann die passende Idee dazu.

Einfach bleiben und bei der Umsetzung realistisch sein

10 Prozent sind die Idee. 90 Prozent sind Umsetzung. Aus diesem Grund beschäftigt sich das Buch im letzten Drittel stark mit einigen Stolpersteinen, die häufig verhindern, dass man smarte Wege geht.

Wir haben diesen Weg für Sie auf neun Schritte aufgeteilt:

Neun Schritte zu Ihrem Smart Business Concept

1	**2**	**3**	**4**	**5**
Bei sich selbst starten	Den Blick weiten	Die Steuerräder Ihrer Zukunft	Ein Modell gezielt anpassen	Ein WOW!-Angebot schaffen

Einen Geschäftsprozess entwickeln, der Sie entlastet

Ausgangsraum – sich entscheiden

Ideenraum – Modelle

Ihr persönliches Feld erforschen und den Ausgangspunkt festlegen.

In welchem Geschäftsyp wollen Sie in Zukunft arbeiten?

Welche grundlegenden Geschäftsmodelle gibt es? Wir haben sie nach den fünf Solopreneur-Typen geordnet.

Sie

Geschäfts-Typ

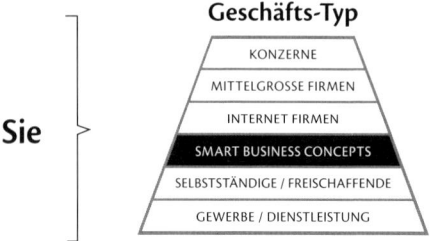

KONZERNE
MITTELGROSSE FIRMEN
INTERNET FIRMEN
SMART BUSINESS CONCEPTS
SELBSTSTÄNDIGE / FREISCHAFFENDE
GEWERBE / DIENSTLEISTUNG

Der Produzent

Der Händler

Der Experte

Der Problemlöser

Der Kreative

Exploration + Vorentscheidung

Inkubation + Synthese

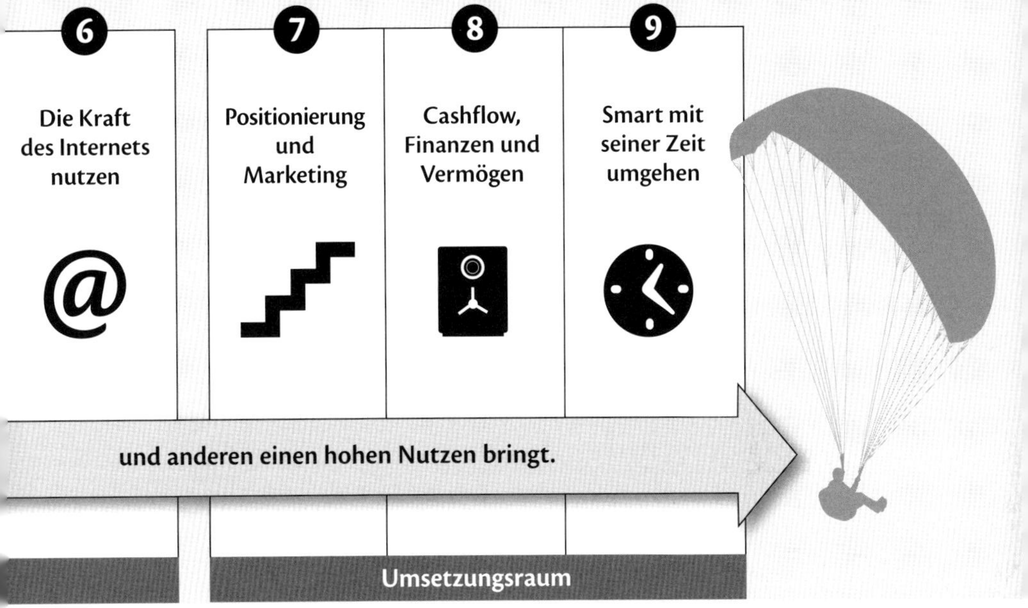

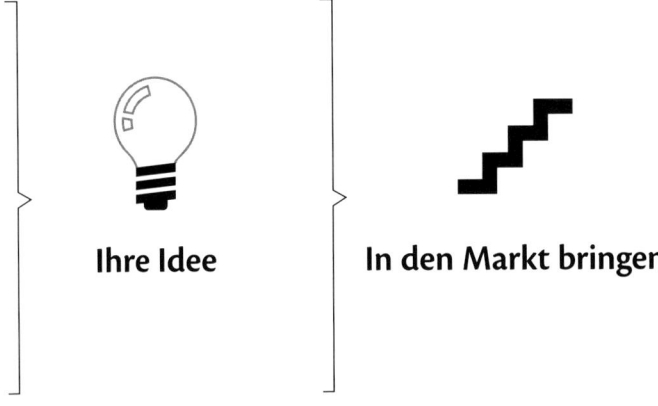

6	**7**	**8**	**9**
Die Kraft des Internets nutzen	Positionierung und Marketing	Cashflow, Finanzen und Vermögen	Smart mit seiner Zeit umgehen

und anderen einen hohen Nutzen bringt.

Umsetzungsraum

Ihre Idee systematisch aufbauen
und professionell und konzentriert
in den Markt bringen.

Ihre Idee   **In den Markt bringen**

Illumination   **Strategie + Prototyping + Resultate**

Vergeuden Sie nicht Ihre Zeit damit, dass Sie das Leben eines
anderen leben. Lassen Sie sich nicht von Dogmen einengen.
Dogmen sind das Ergebnis des Denkens anderer Menschen.
Lassen Sie nicht zu, dass der Lärm fremder Meinungen Ihre
eigene innere Stimme übertönt. Und vor allem haben Sie Mut,
Ihrem Herzen und Ihrer Intuition zu folgen.

Steve Jobs

Schritt 1

Bei sich selbst starten

Beginnen Sie mit der Geschäftsentwicklung bei sich selbst und den eigenen Wünschen

Die meisten Geschäftsideen starten beim Produkt oder im Markt. Wenn es um Ihr Leben geht, sollte die Idee bei Ihnen als Person starten. Dieses Vorgehen nennen wir den *biografischen Ansatz*: An welchen Stellen wollen Sie mehr Unabhängigkeit und Freiheit?

Bei sich selbst starten

Wie viel wollen Sie mit Ihrer Idee erreichen?

Bevor Sie Ideen sammeln, müssen Sie sich klar werden, was Sie wollen:

▶ *Was soll Ihre neue Geschäftsidee in Ihrem Leben bewirken?*

Es geht bei einem *Smart Business Concept* nicht einfach darum Geld zu verdienen, sondern darum, Geld so zu verdienen, dass sich Ihr Leben unabhängiger und freier gestaltet.

Damit dies auch wirklich eintritt, müssen Sie biografisch denken:

• Wo wollen Sie in fünf Jahren biografisch / beruflich sein?
• Was wollen Sie in Zukunft nicht mehr tun?
• Wie hoch soll der Grad Ihrer Unabhängigkeit sein?
• Wie viele Jahre sind Sie bereit zu investieren, bis Ihr Business läuft?

Blick nach vorn

Nehmen Sie sich ein Blatt Papier und zeichnen Sie einen Zeitstrahl. Überschlagen Sie, wie viele Veränderungen Sie in Ihrem Leben noch erreichen können und wollen.

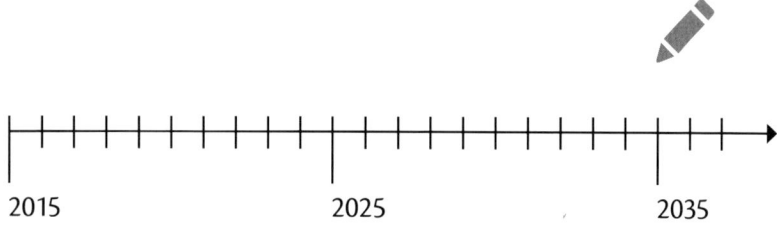

2015   2025   2035

Zeitdimension – wie viel passt noch rein?

Geschäftsmodell mit Lücke

Ein eigenes Restaurant ist für einige der Inbegriff der Freiheit. So lange bis sie es selbst tun. Aber selbst gastronomische Profis können in die Falle laufen, wenn sie ihr Geschäftsmodell nicht gründlich genug abklopfen.

In unserem Fallbeispiel kam die Betreiberin aus der Hotellerie. Sie hatte in einigen der besten Häuser Deutschlands gelernt. Weine waren ihre Leidenschaft, sie die geborene Frau im Service: Gute Erscheinung mit einem Gefühl für die Wünsche ihrer Gäste. Deswegen sollte es auch nicht ein klassisches Speiserestaurant sein, sondern ein Weinlokal.

Das Lokal wurde an einem guten Standort im Ruhrgebiet eröffnet. Eine zentrale Lage mit eigener Terrasse mit bestem Sonneneinfall im Sommer. Ein Innenarchitekt entwarf ein Interieur von ausgesprochen ansprechender und hochwertiger Anmutung. Das perfekte Weinlokal.

Von dann ab hätte es eine Erfolgsgeschichte sein können. Aber es gab eine Lücke: Um das Lokal in die schwarzen Zahlen zu bringen, brauchte die Betreiberin nicht nur die Kompetenz vorne im Raum und an der Bar. Notwendig war auch eine kleine, aber feine Küche. Und hier geriet das Konzept in die Krise. Das Lokal war zu klein, um den Koch wirklich gut zu bezahlen. Alleinköche sind kaum zu bekommen. Drei Köche wechselten. Ab dann gab es noch nicht einmal Bewerbungen auf die Stelle.

Im dritten Jahr musste sie selbst in der Küche stehen, um einen Notbetrieb aufrecht zu erhalten und konnte nur durch die Küchentür mit ansehen, wie Servicekräfte vorne im Raum die Gäste bedienten. Sie war gefangen in einer falschen Rolle, die Zeit und die Kosten liefen ihr davon.

Der Traum vom eigenen Lokal hatte sich in das Gegenteil verkehrt.

Analyse des Problems

Bei den Quellen (Ressourcen) gab es eine Lücke, die die Betreiberin aus ihrer Wunschrolle in eine Nebenrolle zwang. In ihrem Konzept gab es eine hohe Abhängigkeit von einer zweiten Person (dem Alleinkoch), die beim Start nicht als möglicher Flaschenhals gesehen wurde.

IHRE COMFORT ZONE

Wo wollen Sie ankommen?
Wie wollen Sie sich niederlassen?

Die Kunst bei einem *Smart Business Concept* ist die optimale **Balance** zwischen den privaten und geschäftlichen Anteilen. Das Business wird so aufgebaut, dass es den eigenen Stärken entspricht und Stress so wenig wie möglich in das Private durchschlägt. Um dies zu können, sollten Sie überlegen, wo Sie ankommen wollen und Ihre **Comfort Zone** festlegen. Was für Sie komfortabel ist, hängt dabei natürlich von Ihrer Persönlichkeit ab. Finden Sie es. Ab dann achten und schützen Sie diesen privaten Raum. Dabei gibt es verschiedene **Arbeits- und Schutz-Zonen**. Außen liegt Ihre Business-Zone, darunter Ihr Vermögensbereich und noch einmal darunter Ihre private Zone.

Denken Sie an die Konsequenzen Ihrer Idee

Die kleinen, feinen Details

Viele Menschen, mit denen wir arbeiten, können genau benennen, was sie nicht mehr möchten. Typisch sind erfolgreiche Trainer oder Berater. Nach einigen Jahren „on the road" möchten sie nicht mehr jeden zweiten Tag im Zug oder auf der Autobahn verbringen. Die langen Fahrzeiten sind Energieräuber. Sie haben aber keine Vorstellung, wie sie ihr Business so ändern können, dass sie nicht mehr persönlich zum Kunden müssen.

Um jetzt die Situation ändern zu können, müssen Sie zunächst herausbekommen, was Sie wollen. Und dann konsequent handeln.

FALLBEISPIEL   Wie eine Frage die gesamte Ausrichtung ändert

Mehr verdienen oder mehr variable Zeit?

Martin, erfolgreicher Trainer mit eigener Akademie inklusive angestellter Trainer, möchte seine Firma nach vorne bringen. Nach US-amerikanischem Vorbild wäre es möglich, ihn als Person stärker aufzubauen („own the stage"). Erfolgreiche Public Speaker verdienen viel Geld, von daher wäre dieses Vorgehen lukrativ. Die grafischen Entwürfe, in denen er als Person mehr „gebrandet" wird, liegen bereits auf dem Tisch. In den Gesprächen hören wir heraus, dass sich Martin nach jahrelangen Firmentrainings und starker Einbindung in die Akademie mehr Freiheit wünscht. Zum Beispiel mehr Zeit, sich selbst fortzubilden oder einfach einmal ins Ausland zu fahren. Also fragen wir ihn: „Was ist Dir wichtiger A) mehr Geld verdienen oder B) mehr variable Zeit?"

Martin antwortet sofort: „Mehr variable Zeit."

Dann sollte Martin sich nicht als Personenmarke aufbauen. Denn je erfolgreicher er wird, um so mehr wird er gebucht werden. Er beschließt, die Online-Marke der Akademie stärker auszubauen als seine Person, damit die Kunden verstärkt Online-Kurse buchen können.

Was ist Ihr persönlicher Klotz am Bein?

Welche Dinge möchten Sie in Zukunft nicht mehr tun oder los werden?

Smarte Fragen

- Welche *Tätigkeiten* schränken Ihre persönliche Unabhängigkeit ein?
- Welche *Verträge* schränken Ihre persönliche Unabhängigkeit ein?
- Welche *Personen* schränken Ihre persönliche Unabhängigkeit ein?
- Welche *Besitztümer* schränken Ihre persönliche Unabhängigkeit ein?

Anders gefragt   Was würden Sie gerne neu in Ihr Leben holen?
Arbeiten Sie mit dem Bild der Waage: Eine Balance entsteht,
indem Sie Dinge hineinlegen oder herausnehmen.

Was passiert, wenn Sie sich weigern, einen Standard zu erfüllen?

Kann man erfolgreich sein, wenn man das nicht tut, was alle anderen in einer Branche ansonsten für selbstverständlich und unverzichtbar halten? Es ist möglich, wie uns eine frühe Solopreneurin vormacht:

Eithne Patricia Ní Bhraonáin oder kurz *Enya* verkaufte mehr Platten als andere zeitgenössische irische und englische Popstars, ohne jemals auf Tour gegangen zu sein. Über 20 Jahre gab sie kein einziges Konzert. Jeder normale Musikmanager hätte es vor Enya für unmöglich gehalten, über 70 Millionen CDs zu verkaufen, ohne öffentlich auf der Bühne zu stehen. Sie tat es aber. Sie zog sich auf ein Schloss zurück und war trotzdem (oder vielleicht deswegen?) sehr erfolgreich.

Enya ist ein Beleg, dass es schon früh Solopreneure gab, auch wenn sich diese nicht so nannten. Sie ist zugleich ein Beleg dafür, dass das systematische Denken rund um die *Smart Busines Concepts* zu ihrer Zeit begann. *Gerard O'Neill* von der irischen Beratungsfirma Amarach prägte 1998 den Begriff **Enyanomics**. Er wählte diesen Begriff zunächst als Gedankenidee für irische Firmen, indem er die Frage stellte, wie man Business Modelle entwickeln könne, die es irischen Unternehmen erlauben würden, weltweit über das Internet zu handeln, ohne dabei klassische Overhead-Strukturen aufbauen zu müssen. Damit wurde er zu einem der *Smart Business Concepts* Vordenker.

Uns ist nicht bekannt, ob der persönliche Stil von Enya bewusst entstand oder langsam wuchs. Wenn Enya ihr persönliches Warum bewusst klärte, sah ihre Klärung vermutlich ungefähr so aus:

- Will ich in Zukunft in Hotels schlafen? – Nein
- Will ich in Zukunft auf Tournee gehen? – Nein
- Will ich in Zukunft auf der Bühne stehen? – Nein
- Wie kann ich eine Musikerin sein, ohne auf Tournee zu gehen?
- Wie kann ich Musikerin sein, ohne Konzerte zu geben?
- Wie kann ich Musik verkaufen, ohne normale Musikerin zu sein?

Das Ergebnis war auf jeden Fall ein *Smart Business Concept*.

Von welchen Fragen lassen Sie sich leiten?

Wenn Sie Ihre smarte Geschäftsidee suchen, können Sie von verschiedenen Punkten starten. Unserer Erfahrung nach gibt es zwei häufig verwendete Ansätze, die selten zum Ergebnis „Unabhängigkeit" führen. Eine mögliche Einstiegsfrage wäre die reine Marktorientierung:

> **NICHT AN SICH DENKEN** Marktorientierte Fragen
>
> ● Was ist zur Zeit Trend?
> ● Was wollen die Kunden?
> ● Womit kann ich am meisten Geld verdienen?
> ● Wo bietet sich mir eine gute Gelegenheit?

Dieses Vorgehen ist vor allem für Männer typisch. Es wird so gut wie gar nicht an die eigene Person / Familie / Partnerschaft gedacht. Der Mann sieht eine Gelegenheit und springt. Läuft die Sache schief oder auch zu gut, ist er jahrelang bis spät am Abend in seiner Firma eingebunden. Um im Gender-Klischee zu bleiben, starten viele Frauen dagegen zu sehr bei der Person. Sie fragen, was ihnen persönlich gut gefallen würde:

> **ZU SEHR AN SICH DENKEN** Personenorientierte Fragen
>
> ● Was würde mir Spaß machen?
> ● Was wollte ich schon immer tun?
> ● Wo können meine Freunde mitarbeiten?

Bei der rein an der eigenen Nasenspitze ausgerichteten Vorgehensweise wird meist am Markt vorbei gedacht. Ein nettes, kleines Geschäft wird eröffnet, trägt sich aber nicht. Und wenn, dann nur durch extrem hohen Arbeitseinsatz. Beide Ansätze tragen ein hohes Risiko, dass Sie in einem Business landen, in dem andere Sie bestimmen oder Sie zu viel arbeiten. Das Ziel „mehr Unabhängigkeit und Zeit" wird nicht erreicht.

Die Fragen anders stellen

Entwickeln Sie Ihr *Smart Business Concept* systematischer. Wir möchten Ihnen Geschmack auf skalierbare Geschäftsprozesse machen. Saubere Geschäftsprozesse sind der Schlüssel zu Ihrer eigenen Freiheit.

Systematisch abgleichen

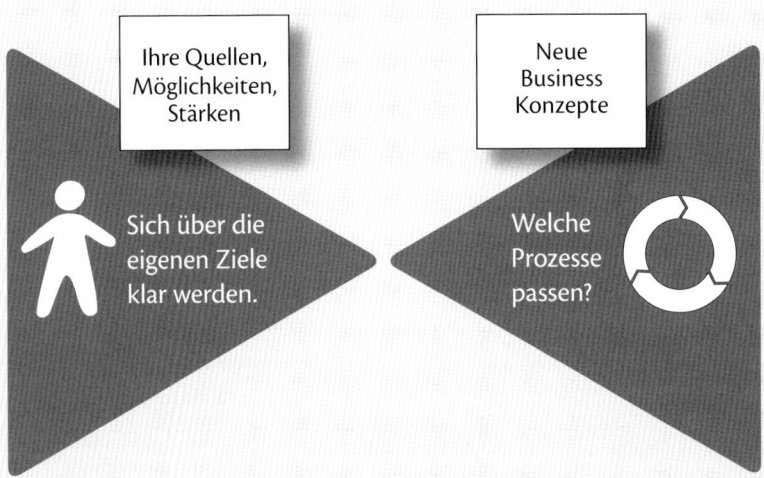

Ihre Quellen, Möglichkeiten, Stärken

Neue Business Konzepte

Sich über die eigenen Ziele klar werden.

Welche Prozesse passen?

SMART DENKEN | Prozessorientierte Fragen

- Wie können Sie Prozesse optimal steuern?
- Wie vermeiden Sie eine Fremdsteuerung?
- Wie können Sie ein Angebot platzieren, das sich skalieren lässt?
- Bei welchen Prozessen müssen Sie nicht immer anwesend sein?

Der Warum-Fragebogen

Warum könnte ein *Smart Business Concept* das Richtige für Sie sein? Die folgenden (leicht suggestiven) Fragen haben sich in unserer Praxis immer wieder als hilfreich für die Entscheidung erwiesen, sein Business in Richtung eines *Smart Business* zu verändern. Häufig liegt Ihr Wunschziel (wohin Sie wollen) oder Schmerzpunkt (was Sie nicht mehr wollen) in einem der Fragebereiche. Je mehr Ihrer Antworten auf den Skalen des Fragebogens rechts landen, um so mehr sollten Sie über ein *Smart Business Concept* nachdenken.

Woran glauben Sie? Ich kann alleine eine Unternehmung beginnen und damit erfolgreich sein

Nein   Vielleicht   Ja

Möchten Sie neben Ihrer Karriere Zeit für einen Lebenspartner?

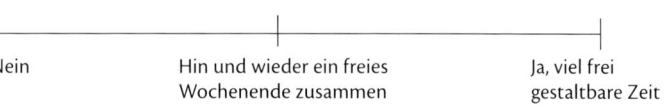

Nein   Hin und wieder ein freies   Ja, viel frei
              Wochenende zusammen   gestaltbare Zeit

Wie mobil wollen Sie sein?

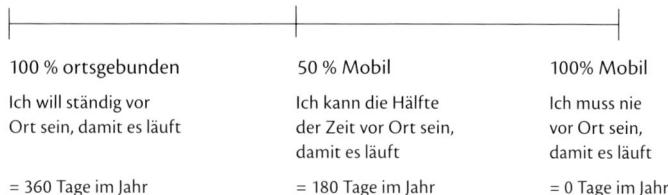

100 % ortsgebunden   50 % Mobil   100% Mobil

Ich will ständig vor   Ich kann die Hälfte   Ich muss nie
Ort sein, damit es läuft   der Zeit vor Ort sein,   vor Ort sein,
                             damit es läuft   damit es läuft

= 360 Tage im Jahr   = 180 Tage im Jahr   = 0 Tage im Jahr

Wie eigenständig wollen Sie Ihre Arbeit bestimmen?

Klassische Anstellung	Klassische Selbstständigkeit	Klassischer Unternehmer	Smart Business Concept
Zum Teil Gestaltungsfreiheit. Begrenzte zeitliche Wahlfreiheit bei Gleitzeit.	Theoretisch überall Wahlfreiheit. In der Praxis häufig fremd-bestimmt durch zu enge Termine.	Kann die Firma gestalten. Die Firma verlangt dafür aber eine sehr hohe Aufmerksamkeit.	Größtmögliche Wahlfreiheit auf allen Ebenen. Solopreneur.

1. Vermögensweg: Wieviel wollen Sie im Betrieb verdienen?

Wenig Geld   Genug Geld   Viel Geld

2. Vermögensweg: Wollen Sie Ihr Unternehmen später verkaufen?

Können Sie sich vorstellen, Geschäftsprozesse so zu entwickeln, dass andere sie später übernehmen können?

Nein   Vielleicht   Ja

Alleine starten oder mit Geschäftspartner?

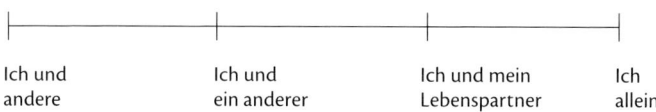

Ich und andere	Ich und ein anderer	Ich und mein Lebenspartner	Ich alleine

Die Smart Business Formel

Mehr Unabhängigkeit durch schlanke Aufstellung

Wer viele Marker auf seinem Warum-Fragebogen auf die rechte Seite schiebt, landet früher oder später bei der genetischen Formel eines *Smart Business Concept*. Es sind die Kriterien, die wir immer wieder bei *Solopreneuren* gefunden haben. Die Geschäftsmodelle, die wir Ihnen in diesem Buch vorstellen, orientieren sich an dieser Formel.

In den Feldern *Beachtung der eigenen Persönlichkeit, Steuerbarkeit* und *Geschäftsmodell* unterscheidet sich ein Smart Business Concept von einem klassischen Unternehmen oder einer Selbstständigkeit. Um neue Unabhängigkeiten zu gewinnen, gilt es hier sehr zielstrebig vorzugehen. Es wird nicht immer nötig sein, alle Unterpunkte exakt so zu gestalten. So ist z.B. die Option eines späteren Verkaufs nicht zwingend. Die Formel ist aber eine gute Richtschnur, seine Ziele auch zu erreichen.

GANZHEITLICH DENKEN   Die *Smart Business Formel*

Die eigene Persönlichkeit achten

der eigenen Persönlichkeit entsprechend   was?
- kann ohne negativen Stress ausgeführt werden
- interessiert einen selbst
- entspricht der eigenen Ethik

die eigene Freiheit erhaltend   wann?
- am Steuerrad der eigenen Zeit bleiben
- ständige Erreichbarkeit ist keine Voraussetzung
- hochgradig delegierbar / Kommunikation steuerbar

die eigene Mobilität erhaltend   wo?
- am Steuerrad der eigenen Mobilität bleiben
- fester Standort ist keine Voraussetzung
- Aufenthalt im Ausland oder an anderer Stelle möglich

Sicherheit

vom Gründer alleine steuerbar

mit wem?

- am Steuerrad des eigenen Unternehmens bleiben
- alleiniger Gesellschafter sein
- Ressourcen sicher im Griff haben

schlanker finanzieller Aufbau

mit welchem Kapital?

- aus eigenem Investment starten / schuldenloses Arbeiten
- keine unnötige Repräsentation / Investition
- Investition nur in produktive Bereiche
- in sich geschlossene Kreisläufe mit positivem Cashflow

risikoarmer Betrieb möglich

mit welcher Bindung?

- mit Reserven arbeiten
- kann sich einer Stagnation schnell anpassen
- kann ohne Probleme gestoppt werden / kündbare Verträge

Geschäftsmodell

kurze, schnelle Wege in den Markt

wie?

- schnell erreichbare Marktzugänge
- möglichst direkte Distribution
- smarte Positionierung, smartes Marketing

gewinnfähig und skalierbar = Marktchance im Betrieb

Hebel?

- mit hohem Ertrag verkaufbar (Marge pro Stück)
- ist entweder skalierbar in der Menge oder im Preis
- automatisierbar = läuft weiter, wenn einmal aufgesetzt

verkaufbar = Marktchance bei Übergabe

mit welcher Exit-Strategie?

- Firma / Produkt / Service hat Markennamen
- kann von einem anderen weitergeführt werden
- der Wert kann ermittelt werden

Der Einkaufszettel für Ihr Gehirn

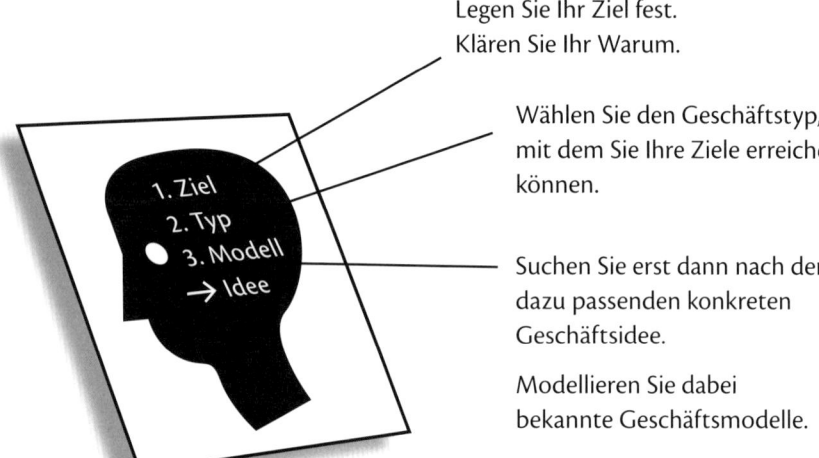

Legen Sie Ihr Ziel fest.
Klären Sie Ihr Warum.

Wählen Sie den Geschäftstyp,
mit dem Sie Ihre Ziele erreichen
können.

Suchen Sie erst dann nach der
dazu passenden konkreten
Geschäftsidee.

Modellieren Sie dabei
bekannte Geschäftsmodelle.

Gehen Sie mit einem Einkaufszettel in den Ideen-Supermarkt!

Es gibt für Ihre Geschäftsidee nicht zu wenige Möglichkeiten, sondern eher
zu viele. Wer bestimmte Grundfragen bei seiner Ideensuche nicht klärt, ist
wie ein Einkäufer, der ohne Einkaufszettel in den Supermarkt geht:

▶ Er kauft Dinge, die er gar nicht braucht
▶ Er vergisst Dinge, die wichtig gewesen wären
▶ Er hat keinen Überblick über die Ausgaben

Nur wer seinen Einkaufszettel ausgefüllt hat, weiß, in welche Abteilungen
des globalen Ideen-Supermarktes er gehen soll. Wer einen Kuchen backen
will, geht nicht in die Fleischabteilung. Wer abends regelmäßig zu Hause
sein will, eröffnet kein Restaurant.

In welchen Supermarkt gehen Sie überhaupt?

Im nächsten Kapitel geht es um Systeme. Für welches System schreiben Sie eigentlich Ihren Einkaufszettel? Mit welchem Mindset suchen Sie?

Geschäfts-Typ

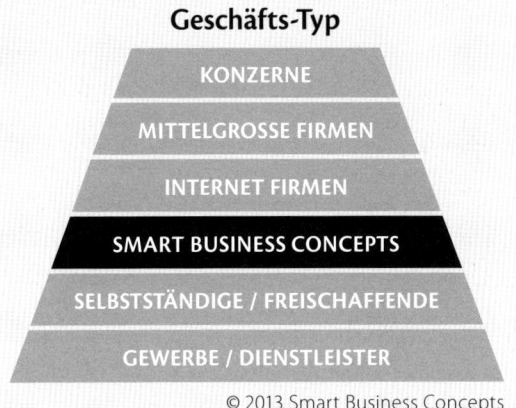

KONZERNE

MITTELGROSSE FIRMEN

INTERNET FIRMEN

SMART BUSINESS CONCEPTS

SELBSTSTÄNDIGE / FREISCHAFFENDE

GEWERBE / DIENSTLEISTER

© 2013 Smart Business Concepts

Erst der Typ, dann das Modell, dann konkrete Ideen

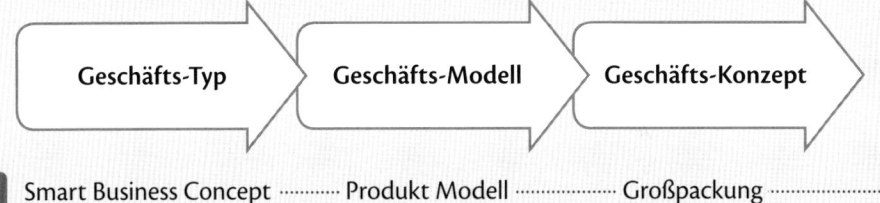

Geschäfts-Typ   Geschäfts-Modell   Geschäfts-Konzept

Beispiel Smart Business Concept ········· Produkt Modell ················ Großpackung ···················

Sie werden dieses Vorgehen immer wieder in diesem Buch entdecken: Legen Sie erst Ihr Ziel fest. Fragen Sie sich, welcher Geschäftstyp Ihrem Ziel entspricht. Suchen Sie erst dann die Geschäftsidee.

Rein marktorientierte Ansätze gehen anders vor.

Wir besitzen heute das wichtigste Kapital unserer Gesellschaft
– unser eigenes Bewusstsein. (...)
Wir sind alle potentiell frei, zu wissen und zu tun,
was wir wollen, und zu sein, wer immer wir sein möchten.
Wir haben die Wahl. Es liegt ganz bei uns.

Jonas Ridderstråle, Kjell A. Nordstöm in Funky Business

Alles was der Mensch sich vorstellen kann,
kann er auch lebendig machen.

Walt Disney

Den Blick weiten

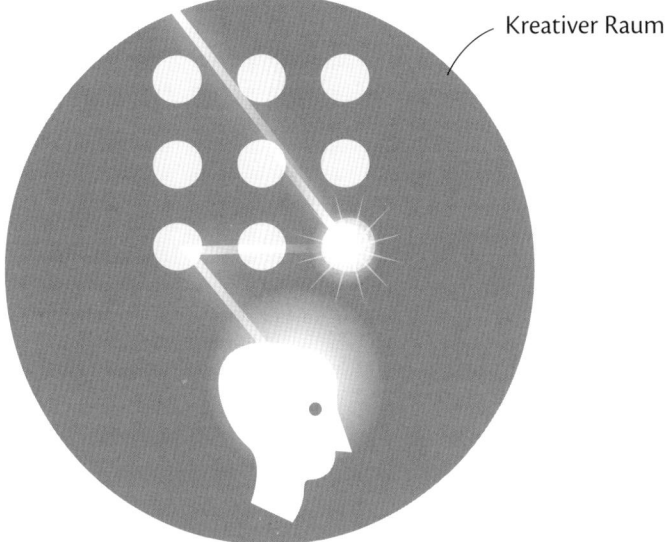

Kreativer Raum

Seinen eigenen kreativen Raum schaffen und bestehende Systeme durchschauen

Schalten Sie Ihren Kopf in einen wachen Betriebsmodus. Durchschauen Sie Muster, die Unabhängigkeit verhindern, und schaffen Sie kreative Zustände, die Ihre Suche nach neuen Ideen unterstützen.

Business Frühling – Sie haben alle Möglichkeiten

Neue Muster, neue Geschäfte, neue Freiheiten

Immer mehr Unternehmer und Selbstständige in Europa und in den USA leben neue Muster. Sie nutzen Prozessbausteine radikal einfach und kombinieren sie neu. Heraus kommen Ideen und Firmen, die von einzelnen Personen mit geringem Überbau und Leichtigkeit gesteuert werden. Seit einigen Jahren beobachten wir diese *Smart Business Concepts*, begleiten Solopreneure und experimentieren selbst.

Neue Produktivität

Es ist schwer zu sagen, wann der Aufbruch zu diesem smarten Umgang mit Business begann. Sicherlich hat es etwas mit den neuen Freiheiten zu tun, die das Internet brachte. 1998 bis 2000 wurde im New-Economy-Fieber an jeder Ecke „new" gedacht. Aber dies erklärt es nicht alleine. Blickt man zurück, entdeckt man grundlegende Anzeichen schon früher. Management-Vordenker wie *Tom Peters* oder *Peter Drucker* verwiesen in ihren Arbeiten darauf, dass sich die Gesetze der Produktivität verändern. War es in der Vergangenheit notwendig, eine Fabrik zu haben, um etwas herzustellen, so ist dies schon lange nicht mehr so. Man lässt herstellen. Auch ändern sich die Dinge, die angeboten werden. Immer mehr Produkte sind „virtuell": Erlebnisse, Wissen, Infotainment oder viele andere Güter sind „ungegenständlich". Dazu ändern sich die Marktplätze. Gehandelt, getauscht und gebucht wird anders als früher. Eines ist klar: Sie können leichter als früher etwas herstellen (lassen).

Neue funky Spielregeln

Die smarten neuen UnternehmerInnen sehen sich zum Teil gar nicht als UnternehmerInnen. Sie nutzen einfach die neuen Möglichkeiten. Und würfeln dabei Althergebrachtes durcheinander. Die Spielregeln in der Geschäftswelt verändern sich und eröffnen jedem neue Möglichkeiten. In unseren Augen am besten auf den Punkt gebracht haben das die beiden Schweden *Jonas Ridderstråle* und *Kjell A. Nordström* 1999 in ihrem Manifest *Funky Business*, inzwischen bereits ein Klassiker.

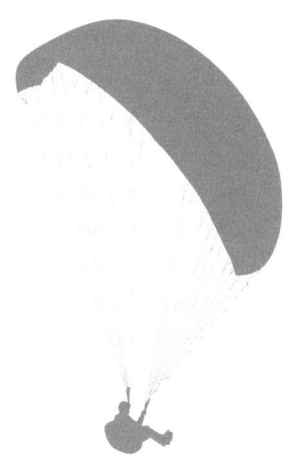

Die neuen smarten UnternehmerInnen

- Wollen Unternehmer sein um der Unabhängigkeit willen
- Definieren „Unternehmen" nicht nach Größe
- Arbeiten smart und denken smart
- Schaffen häufig „Anwendungs-Innovationen"
- Formen ihre eigenen Märkte und Marken
- Bauen Netzwerke, keine Hierarchien
- Verbinden Business und Ethik (Werte-Orientierung)
- Sehen Erfolg als Voraussetzung gesellschaftlicher Veränderung
- Vermeiden langlaufende Bindungen
- Wollen persönlich frei bleiben

Den Blick weiten

Neues sehen

Wir wollen in diesem Schritt Ihren Blick weiten. Wir machen Ihnen Mut, einfacher zu denken und Bausteine systematisch zu kombinieren. Es gilt, die eigene Idee in der Fülle der Möglichkeiten herauszufiltern.

Neu ist, dass Sie in Zukunft so gut wie alles selbst machen können. Ein Buch veröffentlichen, Gummistiefel herstellen, Bionahrung vermarkten, einen Online-Service starten. All das und viel mehr ist denkbar. Noch neuer ist, dass Sie vieles davon gar nicht selbst machen müssen. Sie können herstellen und machen lassen. Andere schaffen Märkte, auf denen Sie dann leichten Fußes unterwegs sind.

Den persönlichen Overkill sehen und stoppen

Dieser leichte Fuß gelingt vielen aber nicht. Es ist paradox. Wir leben in einer Zeit bisher nicht gekannter Individualität. Wir können wählen, was wir tun. Trotzdem sind viele nicht zufrieden. Viele Entscheidungen im Leben werden zu einem Zeitpunkt getroffen, an dem wir noch nicht den vollen Überblick haben. Die Folgen zeigen sich später: „Erfolg" im landläufigen Sinne ist gekoppelt mit einer Arbeitsbelastung, aus der viele am liebsten sofort aussteigen würden. Gerade Selbstständige bedienen häufig Burnout-Muster.

Eine neue Idee alleine ist nicht die Lösung

Sich einfach in eine neue Sache zu stürzen, ist daher nicht die Antwort. Es geht nicht darum, dass Sie etwas Neues anfangen. Irgendetwas geht immer. Wir gehen sogar davon aus, dass Sie bereits einiges in Ihrem Leben mit Erfolg erreicht haben. Doch Erfolg ist nicht das Kennzeichen für Erfolg. Das ist eine Lektion, die wir lernen mussten. Im Gegenteil. Je mehr Sie sich in falschen Systemen drehen, um so eher stabilisieren Sie ein System, in dem Sie sich drehen müssen: Sie nähren Ihr eigenes Hamsterrad.

Also gilt es, die neue Idee mit Bedacht zu setzen und genau hinzuschauen.

Warum wir Möglichkeiten nicht sehen

Faulheit, Feigheit, Fixierung, Falsche Bilder

Nicht jeder sieht den Business Frühling. Die Welt verändert sich, viele ändern sich nicht mit. Die Psychologin *E. Noni Höfner* nennt in ihrem Buch, *Glauben Sie ja nicht, wer Sie sind!* drei Gründe, die uns davon abhalten, das zu tun, was wir eigentlich können: Faulheit, Feigheit und Fixierung. Wir fügen diesen drei Punkten noch ein weiteres „F" hinzu: Falsche Bilder.

Verabschieden Sie sich von alten Berufsbildern

Gerade in Deutschland wachsen wir mit starren Berufsbildern auf: Andere sagen uns, wann wir etwas dürfen. Klassische Berufsbilder verhindern oft, ein Business unkonventionell einfach aufzusetzen. *Verabschieden Sie sich von alten Bildern.* Eine typische Denkfalle in Deutschland ist z.B., dass ein ordentlicher Deutscher immer nur zeitgleich einen Beruf bzw. ein Unternehmen hat. Werfen Sie dieses Denken als erstes über Bord.

ALTES DENKEN Rollenorientiert = Beruf

Wie würden Sie auf die Frage „Was ist Ihr Beruf" antworten?

Ich bin ein(e) ...

Altes Denken = 1 Berufsidentität = Identifikation (ich bin ...) = 1 Rolle = 1 Beruf = 1 Werdegang = 1 Profession = 1 Tätigkeitsfeld

---

NEUES DENKEN Ergebnisorientiert = Entrepreneur

● Sie können verschiedene Rollen parallel haben.
● Sie können in vielen Bereichen professionell sein.
● Ihre Ausbildung ist nachrangig – Ihre Jetzt-Fähigkeit zählt.
● Sie können das, was Sie sich zutrauen.
● Sie können jedes Business starten und neu gestalten.

Nur was Sie kennen, sehen Sie

In der Regel sehen Sie nur das, was Sie bereits kennen oder wonach Sie suchen. Die Umkehrfolge: Dinge, die Sie nicht kennen oder nicht suchen, nehmen Sie erst gar nicht wahr. Dazu kommt, dass die meisten Menschen es zulassen, dass sie der Alltag auffrisst. Sie lassen jede Störung zu und haben zur Folge ein niedriges Energielevel.

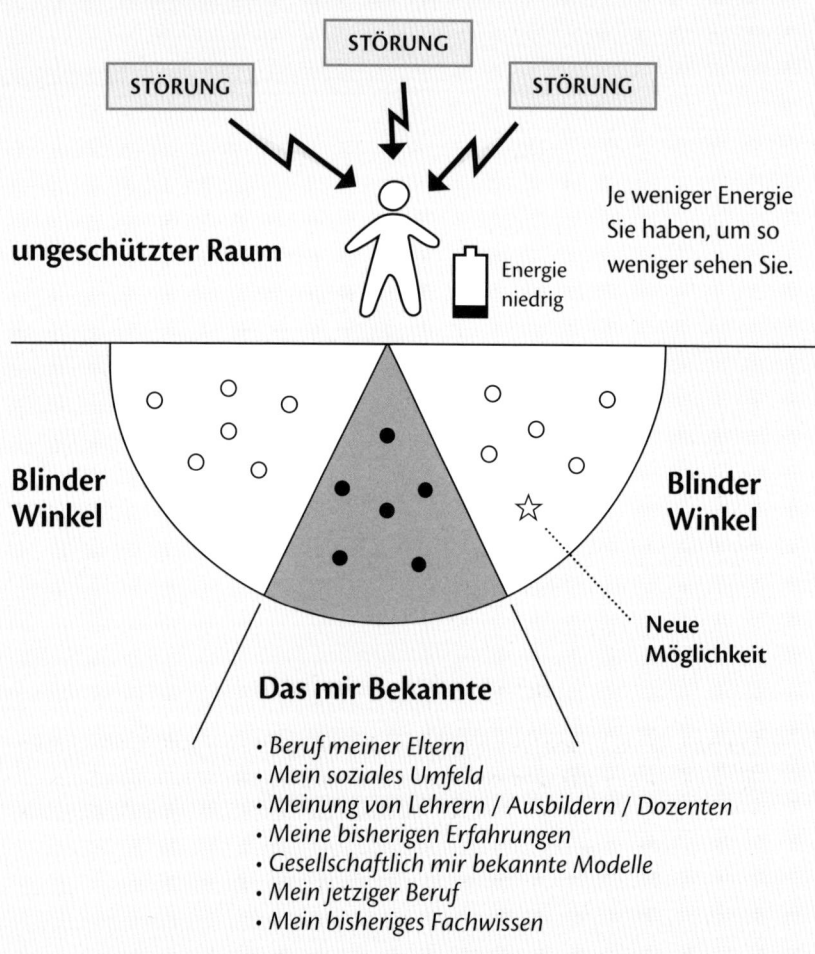

Schaffen Sie Ihren kreativen Raum

Der erste Schritt zum Finden einer neuen Geschäftsidee ist die Erweiterung der eigenen Wahrnehmung. Gehen Sie davon aus, dass es Lösungen gibt, die noch besser sind als das, was Sie bisher kennen. Schaffen Sie einen kreativen Raum, um Ihr Blickfeld zu erweitern und diese Möglichkeiten zu sehen. Schützen Sie Ihren kreativen Raum.

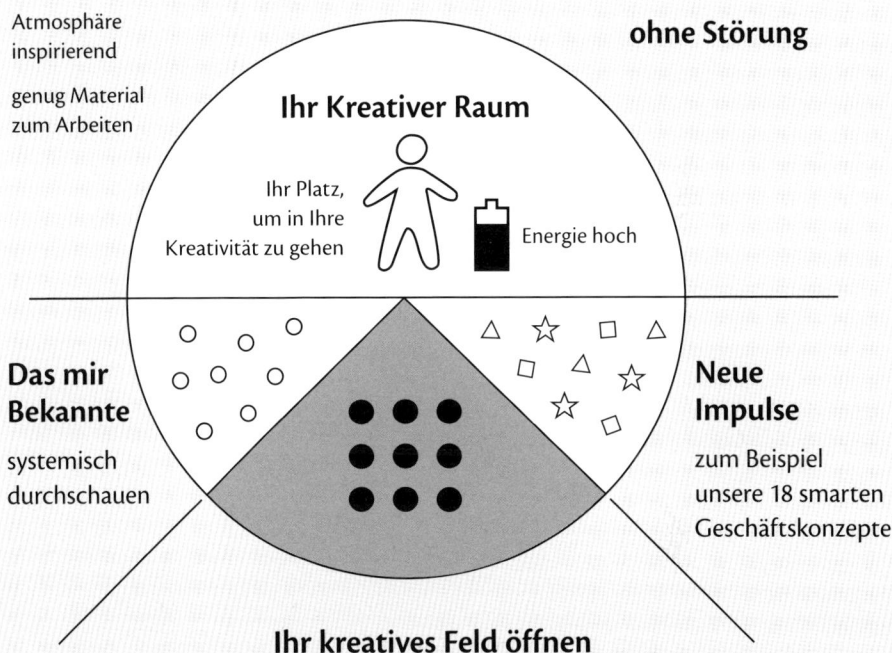

Räumen Sie aus dem unmittelbaren Bewusstsein den Alltag ab. Ziehen Sie systematisch alte und neue Dinge auf die „Werkbank Ihrer Gedanken". Holen Sie gezielt Dinge in Ihr kreatives Feld, die Sie für die Entwicklung Ihrer Idee brauchen. Kombinieren Sie systematisch. Halten Sie Ergebnisse fest.

Den Blick weiten – Systeme durchschauen

Lernen Sie, Systeme zu durchschauen. Bei anderen fällt einem das leicht. Bei der eigenen Person schwer. Stellen Sie vor Ihrer Ideensuche fest, in welchen Systemen Sie bisher arbeiten.

Durchleuchten Sie in Ihrem kreativem Raum:

- Ihre biografische Situation – wie ist Ihre altersbedingte Kreativität?
- Die Ihnen bekannten Geschäftstypen – was denken Sie bei „Firma"?
- Ihr Jobmuster – in was für einer Auftragsstruktur arbeiten Sie?
- Ihre Position – was können Sie in Ihrem Unternehmen steuern?

Ihre Ziele und Möglichkeiten ändern sich in der Biografie.

Ihr Biografischer Ausgangspunkt – wie alt sind Sie?

Natürlich kennen Sie Ihr Alter. Wichtig für Sie ist: Jedes Alter hat eine eigene Kreativität. Ein 25-Jähriger hat andere Ziele und Ideen als eine 45-Jährige. Jede Altersklasse hat ihre eigenen Stärken und Gefahren. Die meisten Smartianer, mit denen wir arbeiten, haben bereits Berufserfahrung und ihr Leben ist zu voll. Von daher wünschen sie sich:

- Abbau von Verpflichtungen
- Reduktion auf einige wenige erfolgreiche Prozesse
- Steigerung der Wirkungshebel

Dies ist ein anderes Profil als das eines jungen *Coworkers*, der zum ersten Mal gründet und für jeden Impuls und jede Hilfe aus der Gruppe dankbar ist. Der 25-jährige strotzt vor Energie, er ist bereit, in viele neue Gebiete hineinzugehen. Er geht unbekümmerter an Dinge heran. Er hat in der Regel aber auch weniger Substanz und verzettelt sich.

Arbeiten Sie aus den Stärken Ihrer Biografie! Jedes Alter hat seine eigenen Stärken. Wer älter als 35 ist hat mehr Erfahrung und kann häufig seine Idee stärker fokussieren. Es ist ein Mythos, dass junge Menschen die besseren Ideen haben. Sie setzen häufig nur schneller um.

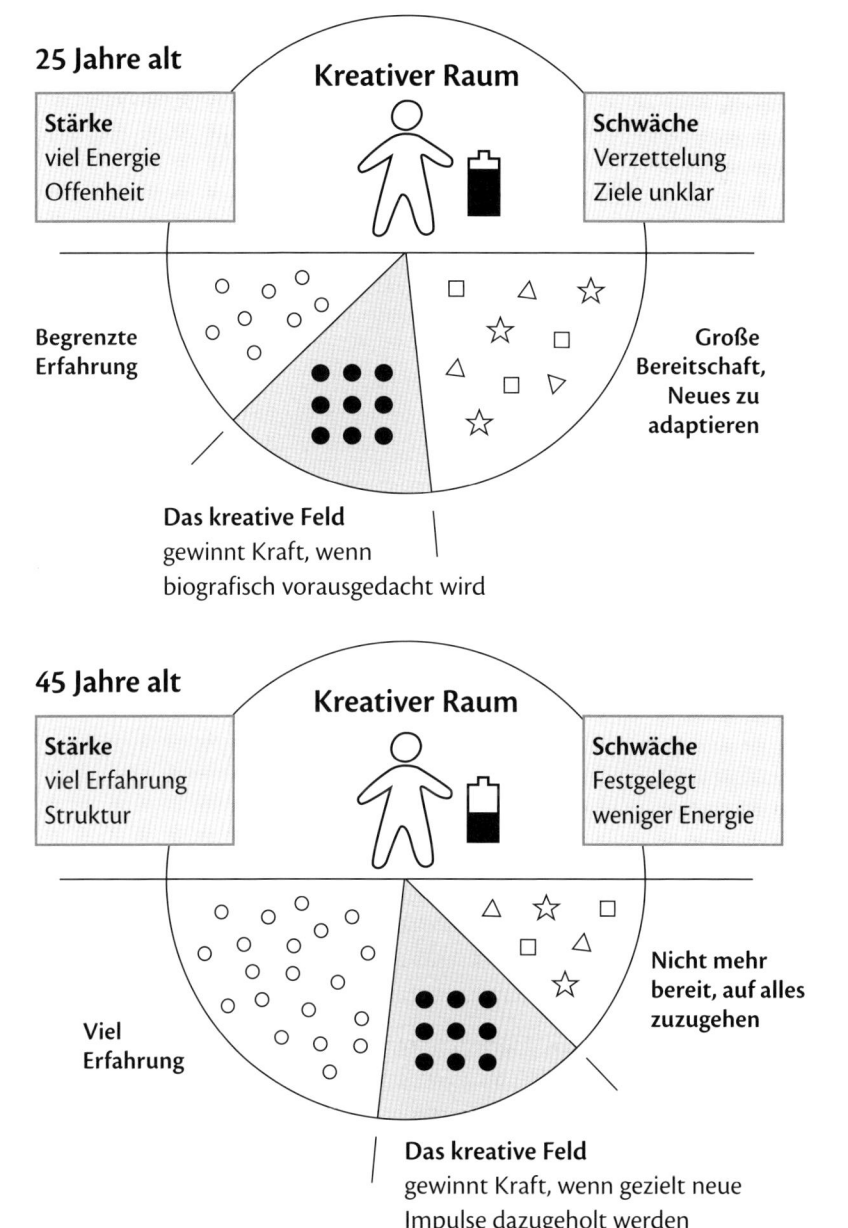

25 Jahre alt

Kreativer Raum

Stärke
viel Energie
Offenheit

Schwäche
Verzettelung
Ziele unklar

Begrenzte
Erfahrung

Große
Bereitschaft,
Neues zu
adaptieren

Das kreative Feld
gewinnt Kraft, wenn
biografisch vorausgedacht wird

45 Jahre alt

Kreativer Raum

Stärke
viel Erfahrung
Struktur

Schwäche
Festgelegt
weniger Energie

Viel
Erfahrung

Nicht mehr
bereit, auf alles
zuzugehen

Das kreative Feld
gewinnt Kraft, wenn gezielt neue
Impulse dazugeholt werden

47

Systeme mit der Geschäftstyp-Pyramide durchschauen

Rollen werden in beruflichen Systemen festgeschrieben. Um Systeme zu durchschauen, hilft die von uns entwickelte Geschäftstyp-Pyramide. Sie entstand aus der Entdeckung des neuen Geschäftstyps, der *Smart Business Concepts*, die diesem Buch auch seinen Namen geben.

Klassisch gesehen wurden Firmen nach Größen unterschieden:

- Konzerne als die größten Firmen
- darunter kommen mittelständische Unternehmen
- darunter dann (regionale) Gewerbebetriebe

klassische Geschäfts-Typen

sehr groß   KONZERNE   komplex / international

groß   MITTELGROSSE FIRMEN   komplex / 1 Branche

SELBSTSTÄNDIGE / FREISCHAFFENDE   Projekte

regional   GEWERBE / DIENSTLEISTER   Aufträge

© 2013 Smart Business Concepts

Zwischen diesen etablierten „Firmen-Typen" tummelten sich zusätzlich Freischaffende und freie Berufe. Lange Zeit bestimmte diese Aufteilung das betriebswirtschaftliche Denken. So gut wie alle klassischen Karrieren ließen sich einer dieser vier Ebenen zuordnen.

Ab 1995 wurde diese klassische Ordnung durch einen neuen Firmen-Typ durcheinandergeworfen: Die **Internet Start-ups** starteten Business mit einer vorher nicht bekannten Geschwindigkeit, etablierten im Web neue Geschäftsmodelle und begründeten die *New Economy*.

Ab 1995 werden Internet Start-ups Taktgeber neuer Modelle

Internet Start-ups wagen es, in kleinen Teams den Geschäftsmodellen der großen Firmen Konkurrenz zu machen. Mit Erfolg.

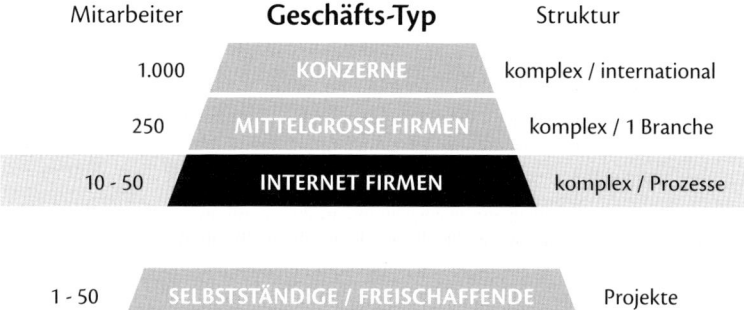

Mitarbeiter	Geschäfts-Typ	Struktur
1.000	KONZERNE	komplex / international
250	MITTELGROSSE FIRMEN	komplex / 1 Branche
10 - 50	INTERNET FIRMEN	komplex / Prozesse
1 - 50	SELBSTSTÄNDIGE / FREISCHAFFENDE	Projekte
1 - 50	GEWERBE / DIENSTLEISTER	Aufträge

© 2013 Smart Business Concepts

Ständig übersehen – die neue Klasse der Smart Business Concepts

Im Windschatten der Internet Firmen wurde lange ein Geschäftstyp übersehen, der sich zeitgleich etablierte: Smarte Konzepte, die Merkmale der Start-ups tragen, aber in der Regel von einer Person alleine aufgebaut werden: *single handed businesses*, in der Regel Solopreneure.

Mitarbeiter	Geschäfts-Typ	Struktur
1.000	KONZERNE	komplex / international
250	MITTELGROSSE FIRMEN	komplex / 1 Branche
10 - 50	INTERNET FIRMEN	komplex / Prozesse
1 - 2	SMART BUSINESS CONCEPTS	1 Prozess
1 - 50	SELBSTSTÄNDIGE / FREISCHAFFENDE	Projekte
1 - 50	GEWERBE / DIENSTLEISTER	Aufträge

© 2013 Smart Business Concepts

49

Die Faszination des Solopreneurship

In unserer Arbeit mit Smartianern, von denen viele *Solopreneure* sind, beobachten wir zwei verschiedene Lebensmuster. Es gibt Solopreneure, die vorher in großen Firmen waren. Sie verlassen etablierte große Firmen, weil sie sich dort nicht mehr wohl fühlen. Auch Start-up Veteranen, die die hohe Geschwindigkeit in den Internet Firmen nicht mehr wollen, entdecken, dass es eine „leichtere" Entrepreneur-Klasse gibt. Wir nennen diese Gruppe Aussteiger.

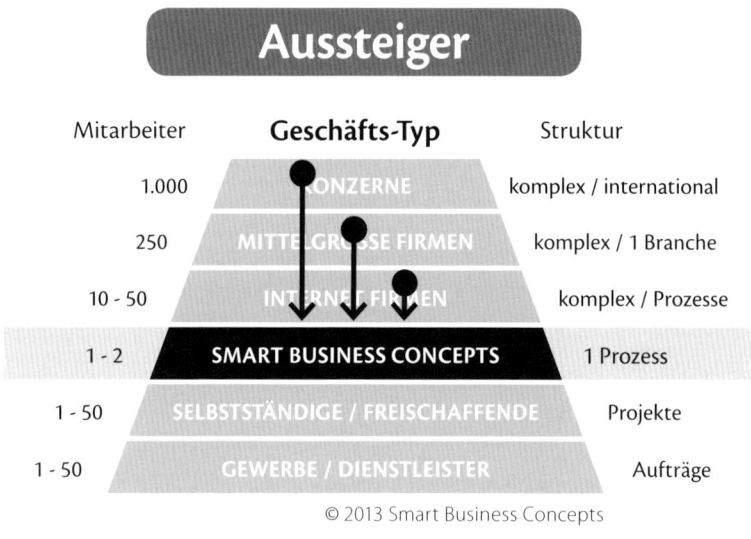

© 2013 Smart Business Concepts

Ich empfinde es als Entwicklungsschritt, dem gehetzten Schneller-höher-weiter der Herde meinen eigenen Rhythmus entgegenzusetzen.

Manager, der sich mit Solopreneurship beschäftigt

Vom Selbstständigen zum Solopreneur

Die größere Gruppe der Smartianer sind aber Selbstständige, die aus der Dienstleisterfalle in ein eigenes Entrepreneurship aufsteigen. Sie begleiten nicht mehr die Produkte und Projekte anderer, sondern entwickeln (designen) eigene Produkte, ändern ihre Arbeitsprozesse systematisch und werden zu Entrepreneuren mit eigenen Marken. Viele Maker fallen damit in diese neue Kategorie.

Aufsteiger

Mitarbeiter	Geschäfts-Typ	Struktur
1.000	KONZERNE	komplex / international
250	MITTELGROSSE FIRMEN	komplex / 1 Branche
10 - 50	INTERNET FIRMEN	komplex / Prozesse
1 - 2	SMART BUSINESS CONCEPTS	1 Prozess
1 - 50	SELBSTSTÄNDIGE / FREISCHAFFENDE	Projekte
1 - 50	GEWERBE DIENSTLEISTER	Aufträge

© 2013 Smart Business Concepts

DEFINITION Was ist ein Solopreneur?

- Alleiniger Inhaber seines Unternehmens.
- Arbeitet prozessorientiert (kein Projektarbeiter).
- Ist Entrepreneur und kein klassischer Selbstständiger.
- Hat ein oder mehrere Smart Business Concepts.
- Hat keine Angestellten (das wäre der klassische Unternehmer).

Jobmuster und verlorene Unabhängigkeit

Wann geht Ihre Unabhängigkeit verloren?

Ihre Unabhängigkeit geht verloren, wenn Sie die Arbeitsprozesse, in denen Sie stehen, nicht mehr selbst steuern können.

Der direkteste Verlust Ihrer Unabhängigkeit ist eine Anstellung. Sie sind dann an einen Arbeitsplatz, Arbeitszeiten und Vorgaben gebunden. Wir nennen dies die *Angestelltenfalle*. Sie können sich nach oben arbeiten und Chef werden. Dann können Sie zwar Vorgaben gestalten, geraten aber in der Regel in die *Cheffalle*. Ihr Tagesablauf wird von vielen Terminen fremdbestimmt. Wer denkt, dass nun der Ausweg der Sprung in die Selbstständigkeit ist, irrt. Viele Selbstständige leben in einer höheren Fremdbestimmung als Angestellte oder Chefs. Wir nennen dies die *Dienstleisterfalle*.

Ein klassischer Dienstleister muss auf die Vorgaben der Kunden reagieren. Wir wissen, wovon wir sprechen. Sie können eine noch so gute Projektplanung haben. Der Kunde hält die Termine einfach nicht ein. „Abgabetermin? Sorry, bei uns ist jemand krank geworden. Die Daten kommen eine Woche später."

Selbstständige / Dienstleister

- können ihre Jobs nur zu einem bestimmten Grad optimieren
- müssen die Jobs individuell (= persönlich) bearbeiten
- bleiben abhängig von Kunden
- können Stressphasen (Überlagerung von Jobs) nicht vermeiden
- können nicht spontan eine Auszeit nehmen
- sind wirtschaftlich frei, nicht aber in der Gestaltung ihrer Zeit

Gerade für Dienstleister und Selbstständige ist die Beschäftigung mit *Smart Working* bzw. *Smart Business Concepts* Selbstschutz. Selbst wenn Sie Ihr Unternehmen nicht 100 % umstellen, können Sie althergebrachte Strukturen hinterfragen und das eine oder andere Burnout-Muster Stück für Stück „smartisieren".

Die Dienstleisterfalle

Ein Jobtrend ist das Wachstum der Projektarbeit. Immer mehr Berufe entwickeln sich in Richtung „Dienstleistung". Designer, Berater, Ärzte, Künstler, Rechtsanwälte, Ingenieure, Makler – fast alle entwickeln ähnliche Job-Grundmuster. Ein individueller Auftrag muss individuell bearbeitet werden. Dazu haben die Jobs unterschiedlich lange Bearbeitungszeiten.

Ein Auftrag / Job besteht aus:

- Individuelle Aufgabe   bestimmt der Kunde
- Individueller Anfangszeitpunkt   bestimmt der Kunde
- Unterschiedliche Laufzeit   bestimmt die Aufgabe
- Gewünschter Liefertermin   bestimmt der Kunde

Schlecht steuerbares Jobmuster

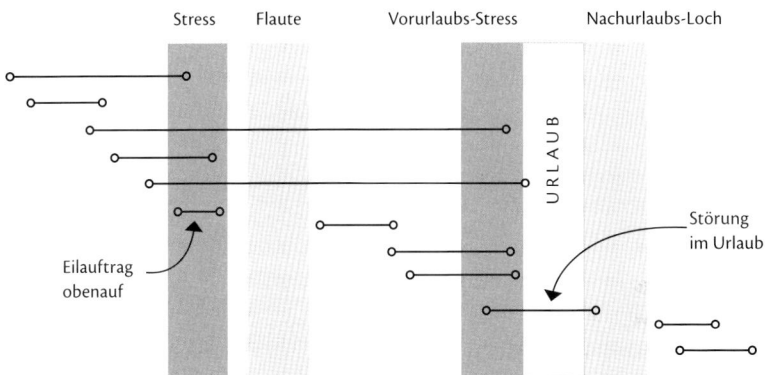

Urlaub zu nehmen ist schwer, weil es kaum gelingt, die Jobs termingerecht zu stoppen.

Burnout

Jobs oder Projekte sind schwer zu steuern. Sobald im System zu wenig Geld, zu viele Jobs oder zu hohe Ziele das Muster zusätzlich anspannen, kommt es zur ständigen Überforderung und Burnout.

Welches Firmenmuster ist Ihr bisheriges Leitsystem?

So gut wie alle gewerblich organisierten Betriebe folgen heute einem der drei unten dargestellten Funktions-Muster. Wer nur diesen Aufbau von Firmen kennt, kann sich auch nur solche Strukturen vorstellen und erzeugt sie unterbewusst selbst wieder neu.

ALTES DENKEN	Firma = Struktur aus Personen

Der Selbstständige

Die Hauptleistung wird von 1 Person erbracht. Manchmal mit Hilfe von 1 bis 2 Assistenten.
Fällt der Selbstständige aus oder fehlen Aufträge, bricht der Umsatz sofort ein.

Der kleine Betrieb

Ein Chef (Meister) führt 1 Gruppe.
Typisch sind z.B. Handwerksbetriebe, ein Architekturbüro oder ein Restaurant.
Fällt der Chef aus, läuft der Betrieb noch etwas weiter und fällt dann auseinander.

Die Linien-Organisation

Management + Abteilungen (Units)

Firmenleitung

Linien-Organisationen haben ein Management. Der Ausfall einer einzelnen Person gefährdet nicht den Bestand der Organisation.

Abteilungsleiter

Anmerkung
Behörden sind ebenfalls Linienorganisationen.

Produktionslinien

Smart Business Concept

Wer sagt, dass ein Business eine Firma ist?

Denken Sie anders. Lernen Sie Geschäfte so aufzubauen, dass Sie Prozesse optimal steuern oder aus der Hand geben können. Ihr Business sind die Prozesse, die Sie in Gang setzen.

NEUES DENKEN | Business als Prozess = Geschäftsmodell

Smart Business Concept

Inhaber (Solopreneur)
+ Steuerungs-Tools

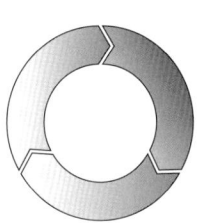

Ein *Smart Business Concept* besteht neben dem Inhaber und der Steuerung aus einem Set von möglichst eigenständig laufenden Kreisläufen (Prozessen).

Idealerweise kann sich der Inhaber teilweise oder fast ganz aus dem operativen Geschäft zurückziehen.

Smart Business Concept = Vom Prozess her denken

Nur eine Handvoll von möglichen Ideen erfüllen die Kriterien für ein *Smart Business Concept*. Infolgedessen ist eine Grundentscheidung, die Sie vor der Suche nach Ihrer Geschäftsidee treffen müssen: Wollen Sie ein *Smart Buisness Concept* entwickeln oder eine klassische Geschäftsidee? Wenn Sie ein *Smart Business Concept* wollen, müssen Sie Prozesse gestalten und dürfen nicht in die Schubladen klassischer Lösungen greifen.

Wie ticken die Firmen von morgen?

Lynda Gratton, eine der Business-Vordenkerinnen unserer Zeit, beschreibt in ihrer Zukunftsanalyse *The Shift* das Nebeneinander großer und kleiner Unternehmen: „Die technologischen Fortschritte führen zu immer komplexeren Arbeits- und Geschäftsumfeldern. Dabei entstehen weltumspannende Megakonzerne, gleichzeitig aber auch (...) Ökosysteme mit Millionen wertschöpfender Mikrounternehmer und Partnerschaften." Anders ausgedrückt: Es ist genug Platz für Ihre Idee. Aber es gibt gewaltige Unterschiede in den Systemen. Für uns ist dabei smart beautiful.

System Großkonzern

Die Steuerung ist nach oben delegiert. In einem Konzern können Sie nur begrenzt steuern. Sie erwerben kein Eigentum.

fordert immer mehr

Feste Teams zerfallen. Teaming kommt = Angestellte sind in diversen Teams gleichzeitig. Die Eigenverantwortung steigt.

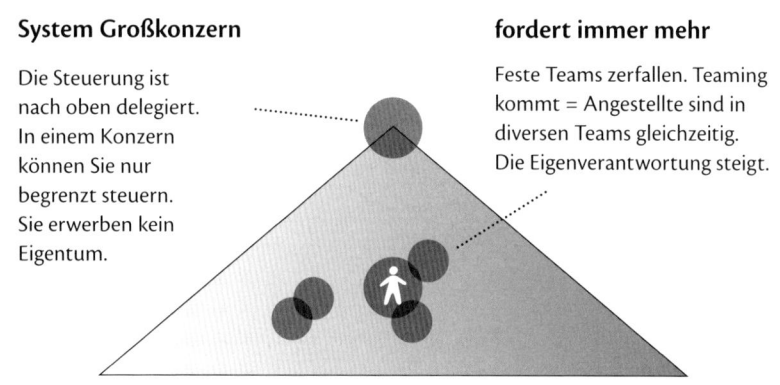

- in Kernbereichen zentral gesteuert, von oben nach unten
- wenige Inhaber – Vermögen wandert in die Spitze
- Sicherheit nimmt ab – lebenslange Arbeitsplätze gibt es nicht mehr
- fordert immer mehr Flexibilität – gibt aber wenig Freiheit
- schafft weniger Arbeitsplätze als es Macht entfaltet

Große Firmen bewältigen kapitalintensive Aufgaben besser. Dafür stehen sie in einem immer härteren Wettbewerb. Dies hat Auswirkungen auf die Jobkultur. Zwar werden sie im *war of talents* flexibler, unter dem Strich glauben wir aber nicht, dass große Konzerne persönliche Unabhängigkeit ermöglichen. Wir vermuten, dass in Konzernen in Zukunft so gearbeitet wird, als wenn man selbstständig wäre, gleichzeitig aber abhängig bleibt.

Neue Firmenkulturen

Stellen Sie sich neben den Konzernen viele *Smart Business Concepts* vor, in denen die Inhaber selbst steuern. Zum Teil liefern sie nur einen einzigen Prozess (Produkt). Diese smarten Einheiten sind hochprofessionell, engagiert und frei. Sie können alleine. Wir glauben aber auch, dass es immer mehr Kooperationen zwischen groß und smart geben wird.

System smart

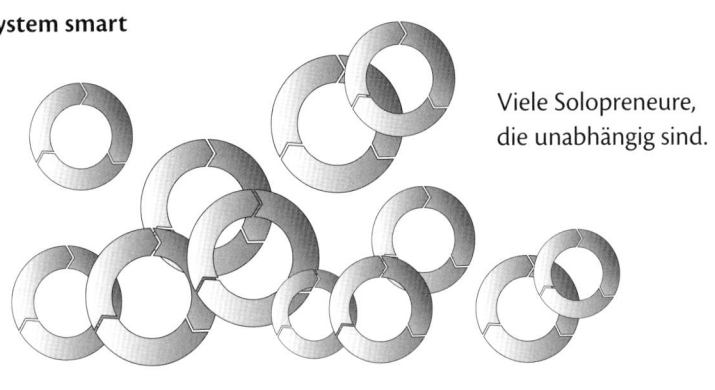

Viele Solopreneure, die unabhängig sind.

- hat viele Inhaber, voneinander unabhängig, Wohlstand verteilt
- dezentral, partnerschaftlich, Kultur der Kreativität
- zusammen in Schwung kommen
- ressourcenschonend, variabel, reaktionsschnell
- schafft unter dem Strich mehr Arbeitsplätze als die Großen

Den Blick auf die Gesellschaft werfen

Wenn Sie eigene, smarte Geschäftsideen erfolgreich umsetzen, handeln Sie politisch: Sie bringen Reichtum in die Mitte der Gesellschaft. Dort wo er unserer Meinung nach hingehört. Eine solche Struktur fördert das Eigentum der Einzelnen und lässt eine Gesellschaft atmen. Für viele Produkte sind nach wie vor Konzerne nötig. Aber „die Kleinen" erobern die Herzen der Verbraucher und verändern dadurch „die Großen" mit.

Sie sehen das, wofür Sie sich entschieden haben

Sie haben sich ein ganzes Kapitel mit Geschäftssystemen beschäftigt. Warum tun wir das? Weil Ihre *Vorentscheidungen* festlegen, was Sie sehen werden. Sie sehen nur das, wofür Sie sich vorher entschieden haben.

Kommen Sie zum Beispiel aus dem Umfeld einer großen Firma, haben Sie ein anderes Empfinden für Ressourcen, als wenn Sie sich schon seit Jahren online als Freelancer ernähren. Da Sie in einer großen Firma nichts selbst finanzieren, denken Sie in anderen Dimensionen – und stehen in Gefahr, ein Konzept mit wenig Etat sofort vor die Wand zu fahren. Oder Sie coworken in einem Inkubator, in dem ständig Business Angel ein und aus gehen: Mit Fremdkapital im Team zu starten, liegt einfach in der Luft.

Seien Sie wachsam, in welchem System Sie denken.

Erster Vorschlag:

● **Setzen Sie einmal eine smarte Brille auf**

Angenommen Sie sind noch kein überzeugter Smartianer. Schalten Sie in diesem Buch einmal Ihr System um: Denken Sie smart und solo und ohne Fremdkapital. Dann greifen unsere Werkzeuge.

Zweiter Vorschlag:

● **Arbeiten Sie in einem kreativen Raum**

Wie wäre es, wenn Sie bereits zum Lesen dieses Buches in einen kreativen Raum gehen? Das verbessert die Qualität der Ergebnisse. Eine unserer Coachees arbeitete mit unserem Material immer während der Fahrt zur Arbeit in der U-Bahn. Das ist möglich, wenn Sie es schaffen, eine solche Auszeit als kreativen Raum für sich zu belegen. Besser sind aber ruhige Umgebungen ohne Störquellen, die Sie inspirieren. Das bedeutet: Weg vom Rechner, Smartphone und E-Mail aus.

Warum betonen wir Ihren kreativen Raum? Weil **SIE** in einem Smart Business Ihre wichtigste Ressource sind. Wenn Sie weniger arbeiten wollen, müssen Sie *in weniger Zeit mehr bewegen*. So lange, bis Ihr neues Konzept greift.

Smarte Fragen – Zusammenfassung

- Wo ist Ihr kreativer Raum, den Sie regelmäßig betreten können?
- In was für einem Jobmuster stecken Sie zur Zeit?
- Wer kann Ihnen zur Zeit Anweisungen geben (Steuerung)?
- In welchem Geschäftstyp sehen Sie Ihre Zukunft?

Tipps zum Kreativen Raum

- *Coworking Spaces.* Sind kreative Räume für Menschen, die ihre Kreativität besser in der Nähe anderer Menschen entfalten. Auch ein Lieblings-Café oder Coffee-Shop kann diese Wirkung haben.
- *Atelier / Werkstatt.* Künstler arbeiten seit jeher in Arbeitsräumen, in denen sie sich konzentrieren können.
- *Home-Office.* Kann ein perfekter kreativer Raum werden. Gestalten Sie Ihr Home-Office als einen magischen Ort.
- *Urlaub & Arbeit kombinieren.* Es gibt immer mehr Angebote, auch international unterwegs zu sein. Eines davon ist *sunny office* von Katja Andes. www.sunny-office.com

Mehr Informationen über Solopreneure

- In unserem Buch *Solopreneur* gehen wir tiefer auf die spezielle Aufstellung in einem Solopreneurship ein. Der Solopreneur betreibt ein Smart Business Concept alleine. Das hat den Vorteil der absoluten Klarheit in der Struktur, braucht aber auch einen besonders klaren Mindset. www.smartbusinessconcepts.de/solopreneur

Nach der Wende baute ich erfolgreich eine Event-Agentur auf. Zeitweise hatte ich bis zu 50 Mitarbeiter und machte dann den klassischen Fehler eines Selbstständigen: Die großen Aufträge kamen fast ausschließlich von einer Firmengruppe. Als die komplette Gruppe verkauft wurde, kündigte man alle Verträge. Eine bittere Lektion, die mich fast meine Firma gekostet hätte. Smart Business Concepts spricht von den „Steuerrädern der Zukunft". Hätte ich dies vorher gehört, wäre ich schlauer gewesen. Durch eine komplett neue Aufstellung habe ich die Krise überlebt und wachse inzwischen wieder. Allerdings ist für mich jetzt ganz wichtig, meine Unabhängigkeit zu erhalten.

René Gaßmann, Schwerin
Inhaber von Happiness Events

Die Steuerräder Ihrer Zukunft in die Hand nehmen

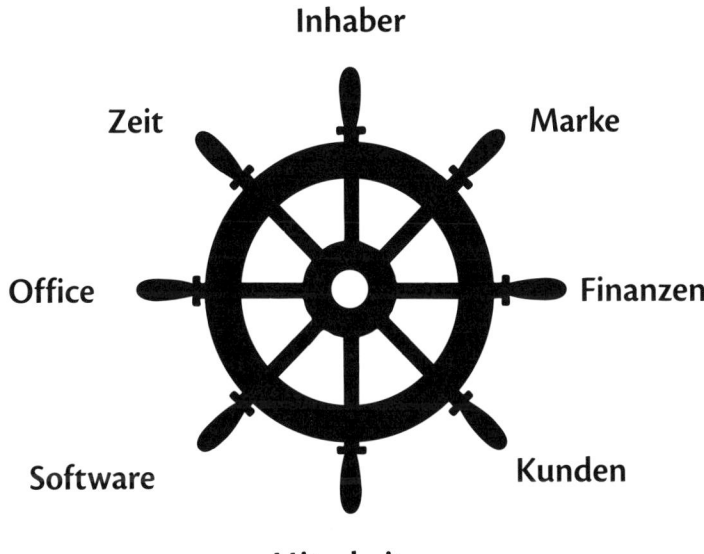

Inhaber

Zeit

Marke

Office

Finanzen

Software

Kunden

Mitarbeiter

Acht Steuerräder gilt es bei der Fahrt in die Unabhängigkeit in der Hand zu behalten – oder Sie wieder zurückzuerobern.

Die Steuerräder Ihrer Zukunft

Was ist das Ziel eines Smart Business Concepts?

- mehr Unabhängigkeit
- mehr variable, freie Zeit
- mehr Freiheit

Diese Ziele können Sie nur erreichen, wenn Sie die Steuerräder Ihres Business in Ihren Händen behalten. Bei vielen Ideen geben die Inhaber aber gleich zu Beginn mehrere ihrer Steuerräder aus der Hand. Oft passiert dies unbewusst.

Die Steuerräder Ihrer Zukunft

Wir haben für Sie die wichtigsten Steuerräder Ihrer Zukunft zusammengestellt. Einige davon sind uns sehr gut bekannt, weil wir sie zeitweise als Unternehmer nicht mehr in der Hand hatten. Dies ist eine Erfahrung, die viele Selbstständige früher oder später machen: Sie beginnen etwas. Ein Auftrag oder ein Partner kommen dazu. Es sieht zu Beginn alles gut aus. Plötzlich dreht sich der Wind und auf einmal stecken Sie in einer Situation, in der Sie nicht mehr so handeln können, wie Sie es gerne würden. Bleiben Sie in Gewässern, in denen Sie das Steuer gut halten können.

Steuerrad 1	**Ihre Inhaberschaft**	das zentrale Steuerrad
Steuerrad 2	**Ihre Marke**	das strategische Steuerrad
Steuerrad 3	**Ihre Finanzen**	das operative Steuerrad
Steuerrad 4	**Ihre Kunden**	schwer zu steuern
Steuerrad 5	**Ihre Mitarbeiter**	auch schwer zu steuern
Steuerrad 6	**Ihre Software**	steuerbar halten
Steuerrad 7	**Ihr Office**	steuert Ihre Komfortzone
Steuerrad 8	**Ihre Zeit**	das entscheidende Steuerrad

Andere Menschen verfolgen andere Interessen

Geben Sie Ihre Steuerräder niemals aus der Hand! Widerstehen Sie allen gutmeinenden (oder auch bösmeinenden) Versuchen anderer, die Ihnen ins Steuerrad greifen. Der Verlust eines Steuerrades ist der Verlust von Unabhängigkeit und damit der Verlust Ihrer Freiheit.

Vertrauen Sie keinem anderen Menschen, wenn es um die Steuerung Ihres *Smart Business Concepts* geht. Andere Menschen wollen Ihnen Ihr Geschäft nicht unbedingt wegnehmen – sie tun es de facto aber oft. Einfach und banal aus dem Grunde, weil sie andere Interessen haben.

Kunden oder andere externe Partner werden niemals so viel über Ihr Business nachdenken wie Sie. Also werden sie Prozesse, Absprachen oder Vertragsklauseln einführen, die Ihnen ins Steuerrad greifen. Damit bestimmen auf einmal andere über Ihre Zeit, Ihre Mobilität und Ihr Geld. Seien Sie an dieser Stelle nicht bequem. Fassen Sie nach und lassen Sie den Eingriff nicht zu. Wir können mehr als eine Geschichte erzählen, wie Bequemlichkeit dazu führt, dass ein Business seinen Kurs verliert.

Verlorene Steuerräder

- ein anderer bucht – Sie kennen die Zahlen nicht mehr
- Sie kommen aus einem Leasingvertrag nicht mehr raus
- Ihre Daten sind in Backups / Datenbanken, die Sie nicht im Griff haben
- ein Kreativer gibt Ihnen nur das einmalige Nutzungsrecht
- ein Kunde holt sich externe Hilfe: Plötzlich erhalten Sie Anweisungen von Personen, mit denen Sie eigentlich keine Vereinbarung haben
- ein Investor gibt Geld – und zieht es baldmöglichst wieder zurück
- Gesellschafter leben sich auseinander – Blockierung von Entscheidungen

Hartnäckig bleiben

Es ist leicht, ein Steuerrad zu verlieren; Steuerräder wieder zurückzubekommen dagegen schwer. Seien Sie hartnäckig. Ihr *Smart Business Concept* bleibt bei Ihnen und alle Steuerräder in der eigenen Hand.

3

 **Steuerrad Inhaberschaft**

Bleiben Sie der alleinige Inhaber

Das erste Steuerrad ist zentral für ein Solopreneurship. Starten Sie Ihr Business alleine und bleiben Sie auch später alleiniger Inhaber. Dies erhält Ihnen die Unabhängigkeit. Erstaunlich viele Menschen wollen beim Start ihres Unternehmens von Anfang an einen Partner mit hineinnehmen. Wir raten meist davon ab. Uns sind wenige Fälle persönlich bekannt, in der ein Mitgesellschafter einen Vorteil brachte. Dafür waren wir mehrmals hinter den Kulissen involviert, um Partner wieder auseinander zu bekommen. Das ist teuer (Auszahlung) und kostet viel Kraft. Denken Sie immer daran: So wie Sie heute Dinge sehen, werden Sie sie in fünf Jahren nicht mehr sehen. Dinge verändern sich. Die Punkte, an denen sich Business-Partnerschaften auseinanderleben, sind fast immer die gleichen:

- Wer leistet wie viel für das Unternehmen (verdient wie viel)?
- Wer hat die letzte Entscheidung (verschiedene Sicht auf Dinge)?
- Wer hat welchen Status (Rolle)?

Wir für uns selbst bevorzugen als Ehepaar die alleinige Inhaberschaft und den Verzicht auf feste Angestellte. So aufgestellt, können Sie

- Entscheidungen alleine und sofort treffen (Kursänderungen)
- Ihre Zeit frei gestalten (Sie sind keinem Rechenschaft schuldig)
- Ihre Idee konsequent nach Ihrem Geschmack formen
- Zu dem Zeitpunkt verkaufen oder schließen, wann Sie wollen

Solopreneur zu sein bedeutet nicht, dass Sie alleine arbeiten. Sie können sich vernetzen, mit anderen kooperieren und viele andere Formen der Zusammenarbeit ausprobieren – nur: Geben Sie keinem Firmenanteile! Schon gar keinem Investor. Die bleiben draußen (bis zum Verkauf …).

Steuerrad Marke

Sichern Sie sich Ihre Markenrechte

Das zweite Steuerrad ist Ihre Marke. Viele Experten bringen es heute so auf den Punkt: Sie bauen keine Firma, Sie bauen eine „Brand". Wie Sie eine Marke inhaltlich bauen, dazu später mehr im Schritt 7. Bei dem Steuerrad Marke geht es hier um die Rechte. Ihre „Wiedererkenner" und zentralen Kommunikationsadressen müssen juristisch sauber Ihr Eigentum sein:

- Ihr Markenname (Firmenname und Produktname)
- Ihr Logo (Markensignet)
- Ihre Internetadresse (idealerweise identisch mit Ihrem Markennamen)
- Alle anderen Rechte, die Sie zur Markenausübung brauchen

Versuchen Sie von Anfang an einen Markennamen zu finden, den Sie als Wortmarke schützen lassen können. Wenn das nicht möglich ist, dann zumindest als Wort-Bildmarke. Dieses Geld ist gut investiert und hält Ihnen später den Rücken frei.

Arbeiten Sie nur mit Namen, bei denen Sie mit niemandem in Kollision gehen und Sie die wichtigsten Internetadressen haben. In Deutschland sind das die .de und die .com. Aber auch weitere Adressen können nicht schaden. Für eine unserer wichtigen Kernmarken halten wir derzeit 17 Internetadressen.

Dokumentieren Sie immer, welche Rechte Sie an welchen Teilen Ihrer Marke haben. Tun Sie hier lieber zu viel als zu wenig. Legen Sie einen Ordner an, in dem Sie z.B. belegen, wann Sie mit Ihrer Marke wo in die Öffentlichkeit gegangen sind, lassen Sie sich von Zulieferern alle Rechte abtreten (Grafiker, Programmierer, Texter, Konzeptioner). All diese Schriftstücke gehören sauber in einen Markenordner. Sehen Sie Ihre Marke wie ein Grundstück. Dort wird im Grundbuch auch alles festgehalten.

Steuerrad Finanzen

Arbeiten Sie schuldenfrei aus dem Cashflow

Das dritte Steuerrad ist operativ das Gewichtigste: Wie viel Geld haben Sie? Klar ist: Wer Schulden hat, hat kein Geld, sondern ein Minus. Kredite sind der direkte Weg in die Abhängigkeit. Mit Schulden sind Sie nicht mehr frei und können Ihr Business nicht mehr ohne weiteres beenden. Starten Sie daher Ihre Idee aus eigenen Mitteln. Oder anders formuliert: Betreten Sie eine Bank, um sich einen Kredit zu holen, verkaufen Sie Ihre Unabhängigkeit. Wir betonen dies, weil in Deutschland eine andere Kultur herrscht. Achten Sie nicht darauf! Die Finanzakrobatik großer Konzerne ist nicht Ihr Weg.

Arbeiten Sie immer schuldenfrei!

Von drei Dingen raten wir bei einem *Smart Business Concept* ab:

▶ Kredite[1]

▶ Leasing

▶ private Bürgschaften (bei Krediten oder gegenüber Investoren)

Das Steuerrad Finanzen betrifft aber nicht nur die Kreditaufnahme. Es ist eine ganze Philosophie. Es geht um das sparsame, punktgenaue Arbeiten mit eigenem Geld. Bei einem *Smart Business Concept* sprechen wir von einer **Cashflow Company**. Sie hebt Investitionen aus dem eigenem Geld. Das ist nicht einfach. Von daher müssen Sie jeden Euro umdrehen und an anderer Stelle sparen. Aber dies ist der Weg in die Unabhängigkeit. Kein anderer.

- arbeiten Sie mit eigenem, selbst erwirtschaftetem Geld
- vermeiden Sie hohe Fixkosten wie Mieten
- vermeiden Sie lange Vertragsbindungen
- sofort Steuerrücklagen bilden (viele Anfänger vergessen dies)
- achten Sie auf Reserven (Faustformel: ursprüngliche Kalkulation x 2)

1 = Ausnahme sind Kredite für Investitionen, bei denen ein echter Gegenwert entsteht (2/3 des Kaufpreises können bei Verkauf wieder erzielt werden).

Steuerrad Kunden

Machen Sie Kunden zufrieden, ohne abhängig zu werden

Das vierte Steuerrad ist schwer zu fassen. Auf der einen Seite brauchen Sie Kunden. Von diesen leben Sie, für diese schaffen Sie Werte. Auf der anderen Seite können genau diese Kunden zur Gefahr werden. Denn sie beginnen Sie zu schätzen und wollen ständig mit Ihnen zusammenarbeiten. Erinnern Sie sich an die Dienstleisterfalle? Ein Dienstleister arbeitet für Kunden individuell. Somit steuern die Kunden den Dienstleister.

Wann steuern die Kunden Sie?

- Wenn Kunden Anspruch auf Support haben   Rund um die Uhr
- Wenn Kunden Sie in Regress nehmen können   Nachbesserung
- Wenn Kunden Gespräche zur Klärung brauchen   Individualität
- Wenn Kunden Nähe suchen   Atmosphäre
- Wenn Kunden bei Ihnen ungeordnet Arbeit abladen   Service

Gute Prozesse schaffen Unabhängigkeit

Bauen Sie für ein *Smart Business Concept* Angebote und Produkte auf, die standardisiert werden können. Übernehmen Sie das Steuerrad, wann und wie der Kunde sein Produkt bekommt. Dies ist eine Hauptregel, um Ihre Unabhängigkeit zu erreichen: Ersetzen Sie Hand- oder Kopfarbeit durch gute, kundenorientierte Prozesse.

Ethische Anmerkung

Es geht in unserem Buch um Qualität. Auch den Kunden gegenüber. Wenn Sie Prozesse entwickeln, müssen diese natürlich für den Kunden Nutzen bringen. Abzocker bauen Vertragsfallen, die den Kunden binden, ihnen aber keinen Nutzen bringen. Darum geht es nicht! Beispiel Support: Ihr Produkt muss so gut sein, dass es keinen Support benötigt.

 **Steuerrad Mitarbeiter**

Arbeiten Sie mit anderen, ohne sie fest anzustellen

Anstellungen führen schnell in Sackgassen. Als Chef erwarten Ihre Mitarbeiter zu Recht von Ihnen, dass Sie sich um sie kümmern. Dies artet schnell in Beziehungsarbeit aus. Wir nennen dies das *Mama-Papa-Spiel*. Wenn Sie irgendwo für einen Mitarbeiter Mama oder Papa geworden sind, haben Sie einen Fehler gemacht: Menschlich wie organisatorisch. Die anderen machen es sich in ihren Arbeitsplätzen bequem und Ihnen laufen die Fixkosten davon. Arbeiten Sie mit selbstständigen, eigenverantwortlichen Partnern. Dies ist flexibler und auf Augenhöhe.

Smarte Aufstellung ohne feste Angestellte

Rechts sehen Sie eine Skizze, wie Sie *ein Smart Business* aufstellen können.

- Sie sind die Geschäftsführung
- Im inneren Kreis (Steuerrad) sind Sie alleine (bei uns als Ehepaar)
- Sie haben Assistenten, die Ihnen den Rücken freihalten
- Sie bauen für die operative Arbeit ein Netz aus freien Mitarbeitern auf
- Oder Sie vergeben Teilbereiche an externe Partner (Komponenten)
- Sie ermöglichen den Partnern, sich selbst zu steuern.

Achtung – diese Aufstellung führt zu anderen Beziehungen

Eine Firma über ein Netz aus Partnern und Zulieferern aufzubauen, führt zu anderen Beziehungen, als wenn Sie Angestellte haben. Sie sehen die Partner selten. Wer sich für ein *Smart Business Concept* entscheidet, sollte sich dessen bewusst sein. Sie sind nicht weniger sozial, aber anders sozial. Wer ständig mit Kollegen Kaffee trinken will, für den ist das nichts. Sie haben aber viel mehr Zeit für neue Begegnungen. Und das inspiriert.

Arbeiten ohne feste Angestellte

Sich selbst entlasten

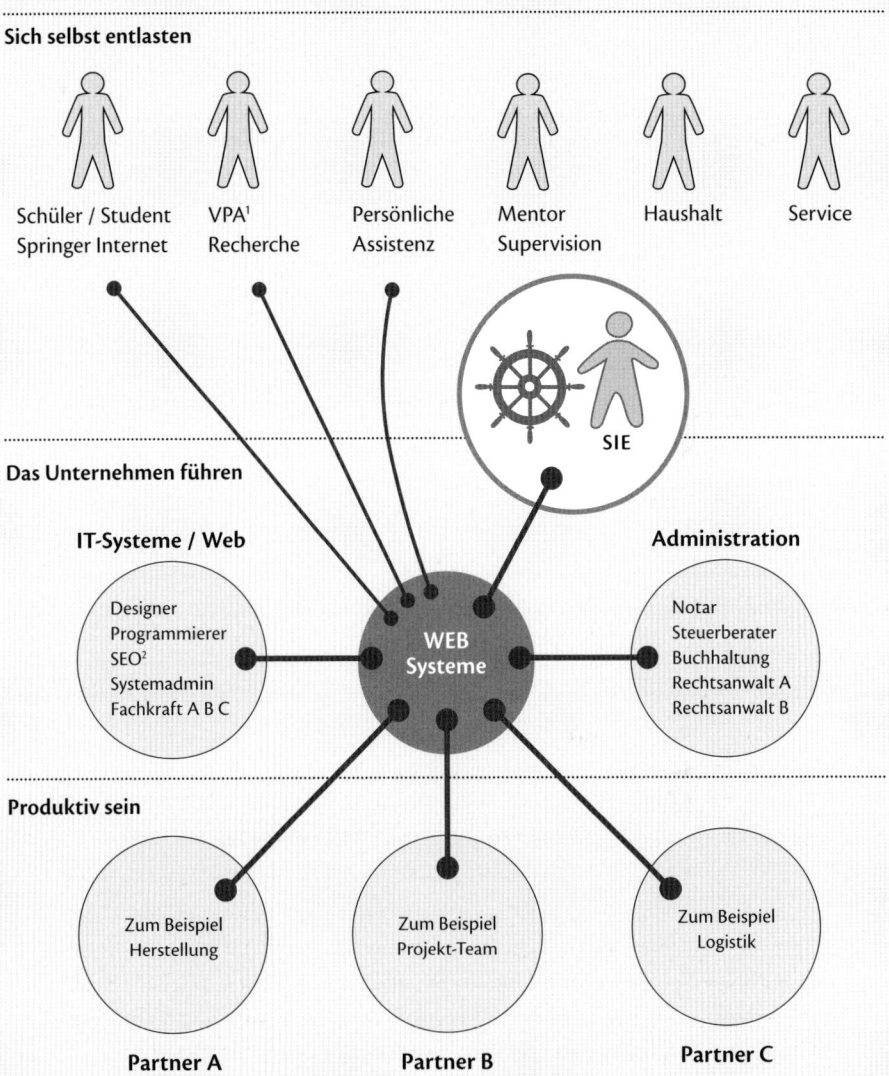

Schüler / Student
Springer Internet

VPA[1]
Recherche

Persönliche
Assistenz

Mentor
Supervision

Haushalt

Service

SIE

Das Unternehmen führen

IT-Systeme / Web

Administration

Designer
Programmierer
SEO[2]
Systemadmin
Fachkraft A B C

WEB
Systeme

Notar
Steuerberater
Buchhaltung
Rechtsanwalt A
Rechtsanwalt B

Produktiv sein

Zum Beispiel
Herstellung

Zum Beispiel
Projekt-Team

Zum Beispiel
Logistik

Partner A

Partner B

Partner C

1 = Virtuell Personal Assistent. Wir haben damit gemischte Erfahrungen.
Einiges kann man so delegieren. Anderes nicht.

2 = Search Engine
Optimizer

 **Steuerrad Software**

Vermeiden Sie Abhängigkeiten von Programmierern

Das sechste Steuerrad kann zur Fußangel werden. Welche Software nutzen Sie? Ihre Software spielt in Ihrem *Smart Business Concept* eine große Rolle. Ihre **Datenhoheit** ist wichtig. Behalten Sie Ihre Daten in Ihrer Hand.

Vermeiden Sie Programmierungen, die nur ein einziger Programmierer (bzw. IT-Firma) pflegen kann. In einem Projekt brachten wir uns selbst in diese Sackgasse. Ist Ihnen dies passiert, können Sie bei jeder Änderung nur noch durch diese eine Tür und sind abhängig von einer Person. Finger weg von kryptischen Programmiersprachen und Eigenbau-Systemen!

Nutzen Sie professionelle Fremdsysteme

• Programmieren Sie möglichst nicht selbst (bis auf Anpassungen)
• Viele Lösungen stehen heute im Web zur Verfügung

Nutzen Sie nur Systeme, die Sie selbst bedienen können

• Suchen Sie nach professionellen UND einfachen Lösungen
• Arbeiten Sie sich in die angewandten Systeme / Programme ein
• Dokumentieren Sie, was wie funktioniert

Beschränken Sie sich auf wenige Software-Systeme

Nutzen Sie wenige Systeme. Je mehr Systeme Sie ineinander schachteln, um so eher verlieren Sie den Überblick. Faustformel: Weniges richtig.

Frei sind Sie, wenn Sie:

• Ihre IT-Systeme beherrschen
• jederzeit an alle Ihre Daten kommen
• idealerweise von jedem Ort der Welt
• jederzeit den / die Programmierer wechseln können
• so wenig Fixkosten wie möglich haben

 **Steuerrad Office**

Bestimmen Sie, wo Sie arbeiten

Das siebte Steuerrad ist schwer aufzustellen. Sie haben es in der Regel erst dann in der Hand, wenn Ihr *Smart Business Concept* bereits läuft. Unabhängigkeit heißt: Entscheiden zu können, wo Sie sein wollen. Der Grad Ihrer Unabhängigkeit ist gut an dem Maß abzulesen, mit dem Sie bestimmen können, wann und W O Sie arbeiten. Ein Angestellter kann dies nicht selbst bestimmen. Auch ein Konzern-Chef oder ein Politiker ist abhängig: Der Terminkalender bestimmt, wann sie wo zu sein haben.

Die entscheidenden „Office-Fragen" sind:

- Von welchem Platz aus können Sie Ihre Leistung erbringen?
- Müssen Sie dabei feste Termine mit anderen Menschen machen?
- Wo ist Ihre Arbeitszentrale?

Eine gute Antwort für die erste Frage ist: Von jedem Ort der Welt.
Eine gute Antwort für die zweite Frage ist: Nein.
Eine gute Antwort für die dritte Frage: In Ihrer Hand.

Wenn Sie die Fragen so beantworten können, brauchen Sie eigentlich kein Büro mehr. In der Regel stellt sich früher oder später aber doch die Frage nach einem eigenen ruhigen Basis-Arbeitsplatz.

- Sie haben Steuerunterlagen, die aufbewahrt werden müssen
- Sie haben Bücher, Infrastruktur wie Drucker, Büromaterial etc.
- Sie möchten gerne in Ruhe arbeiten

Wir sind bekennende „Home-Office-Fans". In unserem Programm gehen wir sogar so weit, zu beschreiben, wie Sie ein professionelles Home-Office aufbauen. Dies ist aber Geschmacksache. Es gibt verschiedene kreative Räume. Entscheidend ist: Geben Sie das Steuerrad „Arbeitsplatz" nicht aus der Hand. Bestimmen Sie, von wo Sie arbeiten!

 **Steuerrad Zeit**

Halten Sie Ihren Terminkalender frei

Das für Ihr Leben entscheidende Steuerrad ist das Steuerrad der Zeit. Wenn Sie das Steuerrad Ihrer persönlichen Zeit in der Hand behalten wollen, müssen Sie mit Ihrer Zeit extrem sparsam umgehen. Sie ist Ihr kostbarstes Gut. Um dies zu können, brauchen Sie ein *Smart Business Concept*. Denn nur, wenn Sie eine eigene Geschäftsidee formen, können Sie diese so gestalten, dass Sie nicht ständig gefragt sind.

Ihr Gradmesser für frei variable Zeit ist ein Kalender ohne Termine.

Zentrale Zeitfragen

* Wie können Sie Leistung für andere bringen, OHNE anwesend zu sein?
* Wie können Sie bisher individuelle Dienstleistungen in Programme, Wissensprodukte oder andere Produkte wandeln?
* Wie können Sie ein Angebot / Produkt (teil-)automatisieren?
* Wie können Sie Meetings, Gesprächstermine etc. reduzieren?

Bauen Sie Systeme auf, in denen Sie die Termine festlegen

* Bleiben Sie am Steuerrad Ihrer eigenen Zeit.
* Meiden Sie immer wiederkehrende Termine.
* Schaffen Sie Produkte, in denen Sie den Liefertermin bestimmen.

Nutzen Sie Zeit optimal

* Vermeiden Sie regelmäßige Verpflichtungen.
* Vermeiden Sie Zeiträuber.

Es ist möglich. Denken Sie an Enya, die sich als Weltstar weigerte, Konzerte zu geben. Sie können Erwartungen nicht entsprechen und bestimmen, wie Sie Ihr Business betreiben. Dieses Steuerrad ist so wichtig, dass wir am Ende des Programmes (Schritt 9) noch einmal darauf zurückkommen.

Smarte Fragen – Zusammenfassung

- Welche der 8 Steuerräder haben Sie nicht in der eigenen Hand?
- Welches Steuerrad wollen Sie wieder zurückgewinnen?
- Was muss sich verändern, damit Sie dort wieder selbst steuern?
- Welche Dinge werden Sie in Zukunft nicht mehr tun?

Tipp zu den Steuerrädern der Zukunft

- *Loswerd-Projekte*
  Viele planen nur die Dinge, die sie aufbauen. Planen Sie auch die Dinge, die Sie ABBAUEN. Wir legen pro Jahr ein bis zwei wichtige Dinge fest, die wir LOSWERDEN wollen. So entschieden wir uns, eine große Softwareentwicklung zu stoppen und alle Kunden, die wir im System hatten, zu entlassen. Da wir einen sechsstelligen Umsatz mit dem System gemacht hatten und es langlaufende Verträge gab, brauchte es fast drei Jahre, bis wir alle Kunden in guter Weise versorgt hatten.
- Schulden und Kredite sind typische Loswerd-Projekte.
  Sie müssen solche Punkte sofort und gründlich angehen, um die Zukunft frei zu bekommen.
- Falsche Partnerschaften sind Loswerd-Projekte.
  Gestehen Sie sich ein, dass es nicht mehr läuft, und trennen Sie sich in einer guten Weise, so lange Sie es im Guten können.

*Beachten Sie sorgfältig die wesentlichen
Merkmale des Modells, wenn sie nicht
im fertigen Werk erscheinen, haben Sie
während der Arbeit das Konzept verloren.*

Henri Matisse zu seinen Schülern

*Wir brauchen ein Geschäftsmodellkonzept,
das jeder versteht: eines das die Beschreibung
und Diskussion erleichtert.*

Business Model Generation

Geschäftsmodelle verstehen und modellieren

Für Ihre Unabhängigkeit brauchen Sie ein Angebot, das Sie zumindest zum Teil automatisieren können

Wir verlassen jetzt den mentalen Raum der inneren Vorentscheidungen und kommen zu den konkreten Geschäftsmodellen. Aber wir sprechen gar nicht von einem Modell, sondern von Ihrem Angebot.

• Was können Sie Ihren Kunden anbieten?

Und wir ergänzen ein einziges Wort:

• Was können Sie Ihren Kunden AUTOMATISIERT anbieten?

Denn nur ein automatisierter Prozess kann unabhängig von alleine laufen und aus der Hand gegeben werden. Hier beginnt die Herausforderung: In der Regel ist Ihr Angebot zu individuell aufgestellt und Sie können dieses nicht von der eigenen Person lösen. Also stellt sich die Frage: Wie können Sie Geschäftsprozesse entwickeln, die dies ermöglichen?

Geschäftsprozesse modellieren

Die Beschäftigung mit Geschäftsmodellen ist angesagt

Wie können Sie Geschäftsprozesse entwickeln, die Ihnen möglichst viel Arbeit abnehmen? Der Unterschied zwischen einer für Sie passenden Idee und einer nicht passenden liegt unter der Oberfläche. Wie man bei einem Autokauf die Motorhaube öffnet, um den Motor zu sehen, so sind es die Geschäftsprozesse „unter der Haube", auf die es ankommt. Ein in sich stimmiges Set dieser Prozesse formt Ihr Geschäftsmodell. Dass neue Geschäftsmodelle Motoren für Erfolg sind, ist bekannt. Nehmen wir zum Beispiel zwei deutsche Klassiker:

Günther Fielmann hielt sich nicht an den vorgegebenen Standard der Optikerzunft. Er ersetzte die hässliche Einheits-Kassenbrille durch ein schöneres Kassen-Wahl-Sortiment.

Heiner Kamps hielt sich nicht an den alten handwerklichen Ablauf in Bäckereien, trennte den Standort der Teigmaschine vom Backofen und führte das Aufbacken der Brötchen durch Backautomaten direkt in den Filialen ein. Dies machte frische Brötchen auch am Nachmittag möglich.

Beide automatisierten vorher handwerklich geprägte Zünfte.

Das Spiel mit dem *Entrepreneurial Design* und *Design Thinking* sind inzwischen Trendsportart. Auch in der New Economy ist Neukombinieren Standard. Neue Erfolgsmodelle haben dabei häufig nur eine geringe Veränderung im Vergleich zu bisher bekannten Modellen. Ein Team um *Oliver Gassmann*, Professor an der *Universität St. Gallen*, untersuchte 200 innovative Geschäftsideen der letzten Jahre und fand heraus: Die neuen Ideen gingen fast alle auf bekannte Geschäftsmodelle zurück. Über 90 % waren Übertragungen. Seien Sie also nicht zu kreativ.

* Übertragen: Alte Idee auf neue Branche übertragen (sehr häufig)
* Kombinieren: Zwei alte Geschäftsideen werden neu kombiniert
* Wiederholen: Erfolgreiches Vorgehen an anderer Stelle wiederholen
* Kreieren: Wirklich neue Idee schaffen (ganz selten)

GRUNDLAGEN Was ist eine Prozesskette?

Start   Ergebnis

- Ein Geschäftsprozess ist eine wiederholbare Kette von Ereignissen
- Der Prozess läuft durch und liefert am Ende ein (Teil-)Ergebnis
- In der Regel benötigen Sie mehrere Prozesse für Ihr Gesamtergebnis
- Alle Ihre Geschäftsprozesse zusammen sind Ihr Geschäftsmodell

- Es gibt Prozesse, bei denen Sie als Person anwesend sein müssen
- Es gibt Prozesse, bei denen Sie als Person nicht anwesend sein müssen
- Je weniger Sie anwesend sein müssen, um so höher die Unabhängigkeit

Geschäftsprozesse als Schlüssel zur Unabhängigkeit

Es geht bei einem *Smart Business Concept* darum, mehr Erfolg zu haben bei gleichzeitig sinkender Arbeitslast. Automatisierte Prozesse sind ein Schlüssel zu Ihrer eigenen Unabhängigkeit.

In welche Richtung modellieren Sie?

Es geht bei *Smart Business Concepts* um neue Geschäftsmodelle, dabei aber nicht darum, unbedingt eine Branche zu verändern oder innovativ zu sein. Modellieren Sie in Richtung der Unabhängigkeit Ihrer Person. Das Ergebnis zählt. Wenn Sie einen alten, hausbackenen Prozess finden, der Ihrer Unabhängigkeit entgegen kommt – wunderbar. Dann gerne Retro. Im Gegenteil: Etwas gänzlich Neues zu erfinden ist gefährlich. Modellieren Sie – aber nicht zu viel auf einen Schlag.

Ihre Arbeitsprozesse sind der Schlüssel zu Ihrer Unabhängigkeit,
unabhängig davon, ob Sie „classic" oder innovativ unterwegs sind.
Smart zu sein bedeutet, bestehende Prozesse so zu gestalten,
dass eine neue Win-win-Situation entseht:
Der Kunde hat einen neuen Vorteil – Sie werden unabhängiger.

Klassische Berufsmuster = Einbettung der Person in die Prozesse

Geschäftsprozesse bestimmen den Grad der Unabhängigkeit. So gut wie alle historisch gewachsenen Berufe sind an die Person gebunden. Ein Landwirt führt die Maschinen auf dem Feld. Ein Handwerker legt mit seinem Werkzeug und körperlicher Kraft selbst „Hand an". Ein Prokurist ist als Person verantwortlich für die Zahlen (zeichnet also persönlich).

Die meisten modernen Berufe fixieren ebenfalls die Person: Ein Coach arbeitet direkt mit dem Coachee. Ein Designer präsentiert seine Ergebnisse vor dem Kunden und entwickelt die Ergebnisse im Austausch mit diesem. Ein Abteilungsleiter ist in der Firma und steuert durch persönliche Anwesenheit.

Die meisten Menschen sind ein wesentlicher Bestandteil des Geschäftsprozesses, über den sie ihren Lebensunterhalt verdienen.

Bleiben Sie in der alten Rolle, kommen Sie aus dem Geschäftsprozess nicht heraus. Nehmen wir das Beispiel „Notar". Es ist in Hamburg fast unmöglich Notar zu werden, ein begehrter Beruf, hoch bezahlt und angesehen.

Wie sieht aber der Berufsalltag eines Notars aus? Der Notar hat ein tolles Büro mit Blick auf die Alster – und kann dieses die nächsten Jahrzehnte seiner Laufbahn nicht verlassen. Denn bei einer Beurkundung darf einer nicht fehlen: Der Notar. Der Beruf nimmt den Notar gefangen.

Der Einbezug der eigenen Person in den Beruf ist in Ordnung, wenn dieser Beruf Sie ausfüllt. Er macht sogar die Qualität einer ganzen Reihe von Berufen aus. Ansonsten müssen Sie anders denken:

NEU DENKEN   Leisten ohne Anwesenheit

- Was können Sie leisten, ohne dass Sie in der Leistung als Person anwesend sind?
- In welchem automatisierten Geschäftsprozess können Sie Ihre Fähigkeiten und Quellen optimal einbringen?

Smarte Frage – Wo stehen Sie in der Kette?

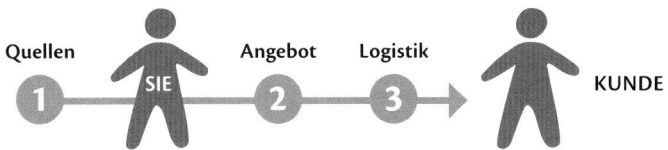

Wo sind Sie zur Zeit unabkömmlich?

- Was können derzeit nur Sie tun?
- Was lässt sich nicht automatisieren / sinnvoll an andere übergeben?
- Wo glauben Sie, zwingend anwesend sein zu müssen?

Was müssten Sie umstellen, um nicht mehr „in der Kette zu sein"?

- Welche Leistung würde dann wegfallen (müssen)?
- Was müsste verändert werden, um nicht anwesend sein zu müssen?
- Was bliebe an Angeboten übrig?

Wären Sie bereit Tätigkeiten aufzugeben, bei denen Sie selbst sichtbar sind?

☐ Ja   ☐ Nein

Delegieren Sie an Komponenten

Entrepreneurship-Dozenten haben schon früher den Spruch geprägt: „Arbeiten Sie am, nicht in Ihrem Unternehmen". In der klassischen Betriebswirtschaft geht es dann um Delegation an Mitarbeiter. Als Solopreneur müssen Sie dies anders durchbuchstabieren: Sie können nicht an Mitarbeiter delegieren. An wen oder was dann? Wie können Sie Prozesse schaffen, bei denen Sie „am Unternehmen arbeiten"?

Bestimmen Sie die Spielregeln

Geschäftsprozesse sind gestaltbar. Sie bestimmen die Spielregeln, was und auch WIE Sie etwas anbieten. Für Ihr *Smart Business Concept* halten Sie sich immer vor Augen, was Sie nicht (mehr) wollen. Zum Beispiel:

Sie möchten NICHT mehr

- Eine komplexe große Firma
- Den Zwang auf vielen Hochzeiten gleichzeitig zu tanzen
- Von Kunden ständig terminlich fremdbestimmt zu werden
- Im weltweiten Wettbewerb mit niedrigen Margen zu stehen
- Mama oder Papa für viele Mitarbeiter zu sein
- etc.

Die Einfachheit des Geschäftsmodells als Erfolgsschlüssel

Sie suchen also von Anfang an nach einer Geschäftsidee, die EINFACHER funktioniert. Die schneller und geradliniger umgesetzt werden kann. Wenn Sie versuchen, mit großen Firmen auf Gebieten zu konkurrieren, die eine hohe Komplexität zugrunde legen, werden Sie sehr schnell in Mustern landen, die Ihre Unabhängigkeit verhindern.

- Halten Sie Ihre Steuerzentrale einfach
- Behalten Sie alle Steuerräder in der Hand

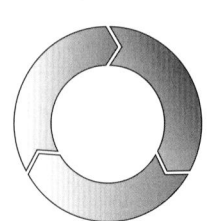

- Halten Sie Ihre Prozesse einfach
- Wie können diese möglichst unabhängig laufen?
- Je mehr Service, Wahlmöglichkeiten etc. Sie bieten, um so eher müssen wieder Mitarbeiter per Hand oder per Kopf zuarbeiten. Sie müssen stärker steuern und mehr Zeit investieren.

Ideen nur von „außen" zu denken

Ein äußeres Wunschbild leitet alle Entscheidungen

Viele neue Geschäfte entstehen, ohne dass über grundlegende Prozesse nachgedacht wurde. Neue Ideen nicht von den Abläufen her zu denken, kann ins Auge gehen. „Jetzt mache ich, was ich schon immer wollte" ist nicht die Formel für Unabhängigkeit.

Beispiel

Eine Idee gefällt. Nehmen wir an, es soll eine Boutique sein. Schon wird nach einer Ladenfläche gesucht, die dann sofort gemietet wird (ein äußeres Wunschbild leitet die Entscheidungen).

Das Problem

Steht die Boutique, werden sich zwangsläufig Ablaufprozesse einspielen. Die Prozesse müssen sich dabei der vorgegebenen „Hardware" (dem Laden, dem Mietvertrag, dem Standort, der Laufkundschaft ...) anpassen. So fangen Sie sich selbst. Sie werden unter Umständen Hauptdarsteller in einem Stück, das Sie sich anders vorgestellt hatten.

Drehen Sie das Spiel um – passen Sie die Hardware den Prozessen an

- Fangen Sie Ihre Idee bei den Geschäftsprozessen an.
- Entwickeln Sie einen schlanken, smarten Prozess.
- Bereiten Sie dann die Wirklichkeit so vor, dass der Prozess
  – möglichst ohne Ihre direkte Beteiligung – laufen kann und
  anderen einen hohen Nutzen bringt.

Setzen Sie sich die Solopreneur-Brille auf

Was ist Ihr Ziel mit der Boutique? Wollen Sie jeden Tag in einen Laden gehen? Wünschen Sie sich ein Team und direkten Kundenkontakt? Oder geht es Ihnen um die Mode und darum, tolle Kleidung an die Frau zu bringen? Wenn es das Zweite ist, dann überlegen Sie sich, wie Sie tolle Kleidung zu Frauen bekommen, ohne dass Sie immer anwesend sein müssen. Entwickeln Sie den dafür notwendigen Prozess und suchen Sie dann nach der „Hardware". Das Business, das Sie jetzt suchen, sieht anders aus.

Das grundlegende Geschäftsmodell

Ein Smart Business Concept braucht für einen Markterfolg:

- Ein starkes Angebot mit hohem Nutzen (ein WOW!-Angebot).
- Einen Bedarf für dieses Angebot.
- Eine gute Verfügbarkeit aller wichtigen Ressourcen (Quellen).
- Einen guten, von Ihnen schnell erreichbaren Markt.

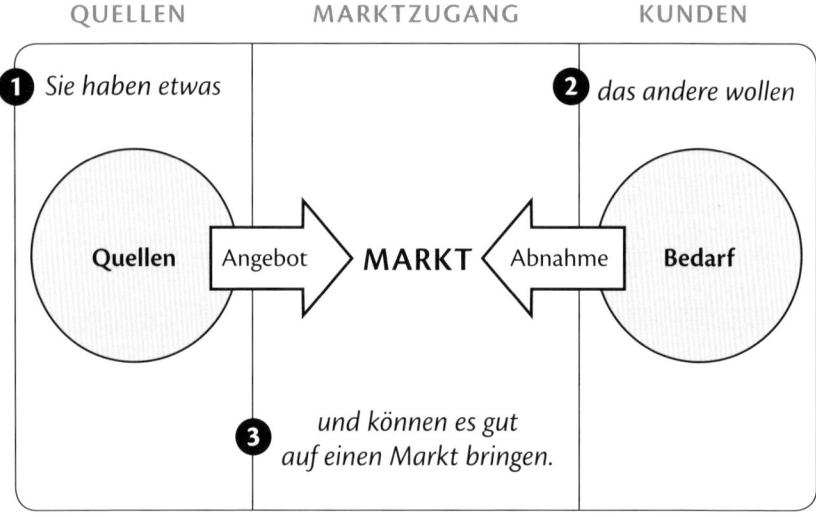

QUELLEN **MARKTZUGANG** **KUNDEN**

① *Sie haben etwas* ② *das andere wollen*

Quellen Angebot **MARKT** Abnahme **Bedarf**

③ *und können es gut auf einen Markt bringen.*

DISTRIBUTION

Grundlegende Fragen

- Was für ein *Angebot* (Quellen) haben Sie?
- Was für ein *Bedarf* (für dieses Angebot) besteht?
- Auf welchem *Markt* können Sie erfolgreich auftreten?

Sie können das Wort „Markt" auch gerne durch das Wort „Branche" ersetzen. Es geht um den Bereich, in dem Ihr Angebot relevant ist und von anderen wahrgenommen werden soll.

Sehen Sie offene Türen – neue Marktmodelle

Wer den Markt betrieb, hatte in der Vergangenheit das Sagen. Niemand konnte in einem normalen Kaufhaus einfach seine Ware in das Regal stellen. Im Fernsehen einen Sendeplatz zu bekommen, war fast unmöglich. Als Autor waren Sie darauf angewiesen, dass ein Verlag Sie „vermarktet" usw. Es war eine Welt der begrenzten Marktzugänge. Genau hier setzt die Veränderung ein. Sie können heute viel besser Ihre eigenen Marktzugänge schaffen. Halten Sie dabei in alle Richtungen die Augen offen.

- Das Internet schafft immer mehr Märkte für unabhängige Akteure
- Immer mehr Firmen kaufen Produkte und Projekte extern zu (B2B)
- Regionale Märkte werden stärker
- Es ist einfacher als früher, global zu handeln

Orte des Handels

Klassische Märkte sind Plätze, auf denen Kaufinteressenten unterwegs sind. Die Kunden sind aktiv, die Anbieter präsentieren:

- Reale Marktplätze (z.B. Kaufhaus / Laden) – Käufer shoppen
- Märkte im Internet (z.B. amazon.de / eigener Shop) – Käufer suchen

Den eigenen Markt schaffen – Direktmarketing

Noch unabhängiger sind Sie über den Aufbau einer Kundenliste. Dies ist ein „Direktmarkt", da Sie Ihre Kunden ohne Umweg über andere direkt ansprechen können.

- Offline = Kundenstamm = Adressliste = Direktversender
- Online = E-Mail-Liste = E-Marketing

Verschiedene Marktteilnehmer

- C2C = Customer to Customer = Web 2.0 / Social Media
- B2C = Business to Customer = Endkundengeschäft
- B2B = Business to Business = Zulieferergeschäft / Partnerschaften

83

Welchen Markt nutzen Sie?

Eine zentrale Frage für Ihr Geschäftsmodell ist die Frage, welche Märkte Sie nutzen oder neu schaffen. Und – es wird Sie nicht wundern – wir raten Ihnen dazu, den Markt zu nehmen, auf dem Sie die höchste Unabhängigkeit entwickeln.

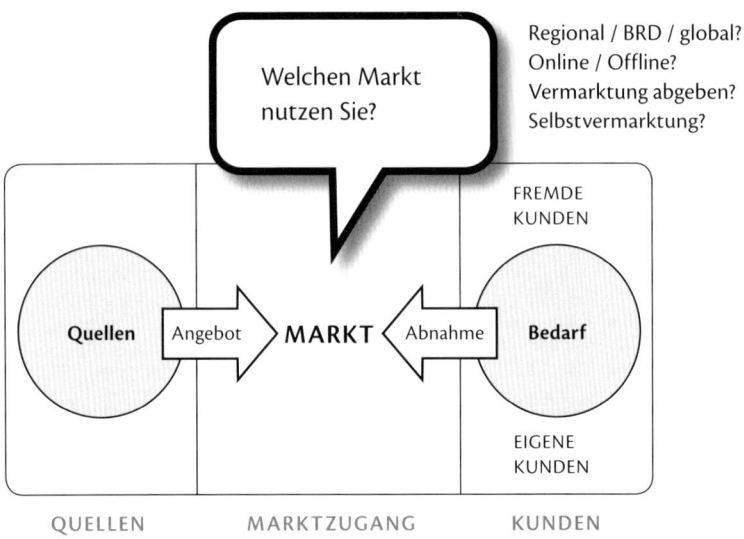

Denkmodell 1 – ein anderer erschließt für Sie den Markt

Angenommen Sie sind Spitzenautor. Ihre Bücher sind Bestseller. Dann macht es Sinn, dass ein Verlag für Sie das Buch auf den Markt bringt.

Denkmodell 2 – Sie selbst erschließen den Markt

Was ist aber, wenn Sie nicht zur Topliga gehören? Dann ist es ratsam, selbst im Markt aktiv zu sein. Also keinen Zwischenhändler zu nutzen. Heute ist es möglich, als Einzelner ein eigenes Produkt in der Fläche anzubieten. Überlegen Sie daher, wo Sie selbst vermarkten können. Auf der rechten Seite ist gezeigt, wie dies im Bereich der Wissensprodukte aussieht. Mit den neu zur Verfügung stehenden Tools im Internet können Sie als Autor schnell selbst publizieren. Die gleiche Frage gilt auch für alle anderen Produkte: Was schafft Ihnen mehr Unabhängigkeit, fremd oder selbst?

Im alten Modell ist der Autor abhängig vom Verlag. Er kann wenig selbst bestimmen.

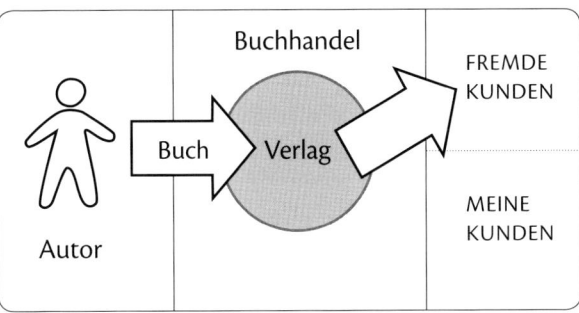

Vorteile

- Der Verlag nimmt Ihnen Arbeit ab
- Sie konzentrieren sich aufs Schreiben
- Der Verlag gestaltet das Buch
- Der Verlag finanziert die Produktion
- Der Verlag hat Buchhändler
- Der Verlag bewirbt und vertreibt

Nachteile

- Sie treten alle Rechte ab
- Sie können das Buch nicht gestalten
- Ihre Autorentantieme ist gering
- Der Verlag verdient mehr Geld als Sie
- Der Verlag bestimmt, ob Sie bleiben
- Von daher selten Kontinuität

Im neuen Modell ist der Autor unabhängig (Selfpublisher). Er kann sich im Markt halten, auch wenn er kein Bestseller ist.

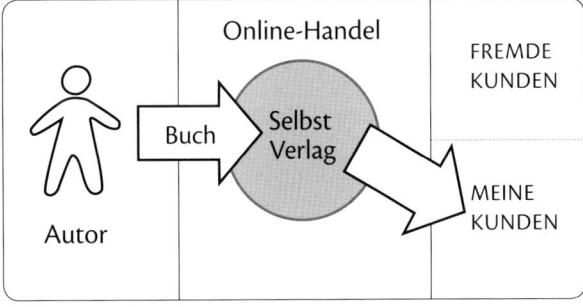

Vorteile

- Sie bestimmen alles selbst
- Sie können eine Serie aufbauen
- Sie haben viel höhere Margen
- Sie bauen eine eigene Marke auf

Nachteile

- Sie müssen vorfinanzieren
- Sie müssen selbst produzieren
- Sie müssen selbst vermarkten
- Sie müssen selbst versenden (lassen)

DEFINITION Business Modelling

Geschäftsmodelle zu modellieren, meint in bekannten Geschäftsprozessen Dinge hinzuzufügen, wegzunehmen oder neu zu kombinieren. Die zwei einfachsten Methoden sind:

A – Die Verkürzung der Prozesskette
B – Die Verlängerung der Prozesskette

Die Verkürzung der Geschäftskette

Sehr erfolgreich ist es, wenn Sie aufwendige Produktionsschritte oder bisherige Zwischenhändler aus der Kette herausnehmen. Die *Swatch* war zum Beispiel eine radikale Verkürzung im Schweizer Uhrenbau. Ein Schweizer Traditionsunternehmen baut kein mechanisches aufwendiges Uhrwerk, sondern eine einfache Digital-Plastikuhr. Der Erfolg war gigantisch.

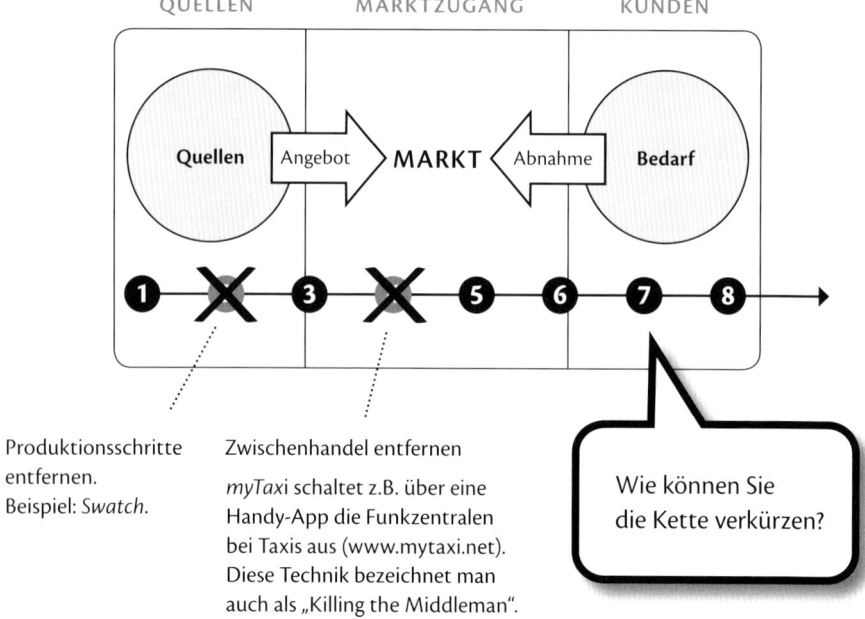

Produktionsschritte entfernen. Beispiel: *Swatch*.

Zwischenhandel entfernen. *myTaxi* schaltet z.B. über eine Handy-App die Funkzentralen bei Taxis aus (www.mytaxi.net). Diese Technik bezeichnet man auch als „Killing the Middleman".

Wie können Sie die Kette verkürzen?

| **AUFGABE** | Zeichnen Sie Ihre Produktionskette |

- Welche Schritte befinden sich in Ihrer Produktionskette?
  (Auch Dienstleistungen haben Produktionsschritte)
- Welche Glieder der Kette sind überflüssig, besonders teuer etc.?
- Wo können Sie einen Schritt wegnehmen, verkleinern etc.?
- Oder umgekehrt: Was kann hinzugefügt werden?
- Erstellen Sie eine Skizze Ihrer Prozesse

Die Verlängerung der Geschäftskette

Um sich von anderen abzuheben, geht auch genau der umgekehrte Weg. Sie fügen einem normalen Produkt etwas hinzu. In der Regel ist das Qualität. Die Verlängerung der Kette führt z.B. zu einem gesünderen Produkt. Luxusprodukte sind extreme Verlängerungen der Kette.

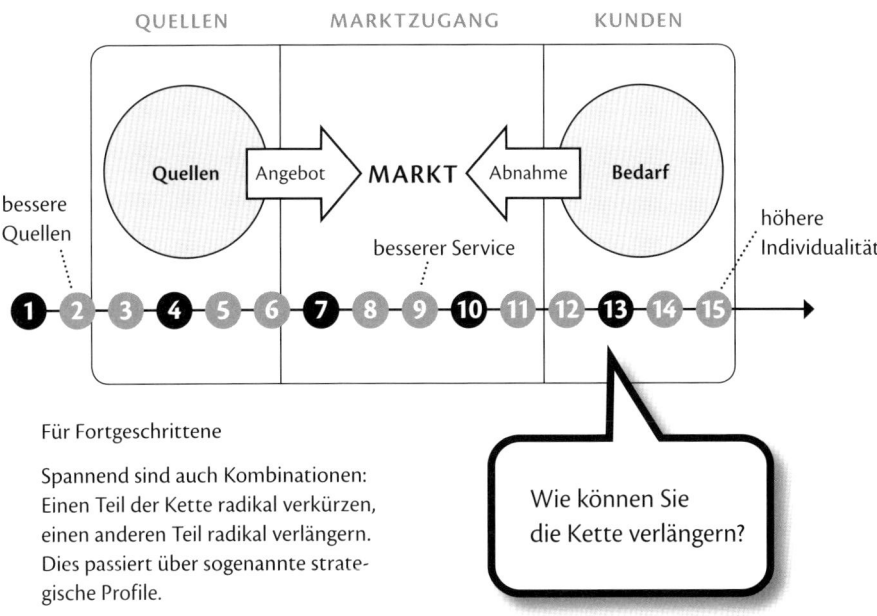

Für Fortgeschrittene

Spannend sind auch Kombinationen:
Einen Teil der Kette radikal verkürzen,
einen anderen Teil radikal verlängern.
Dies passiert über sogenannte strate-
gische Profile.

Fünf grundlegende Prozessketten

bilden die 5 Solopreneur-Typen

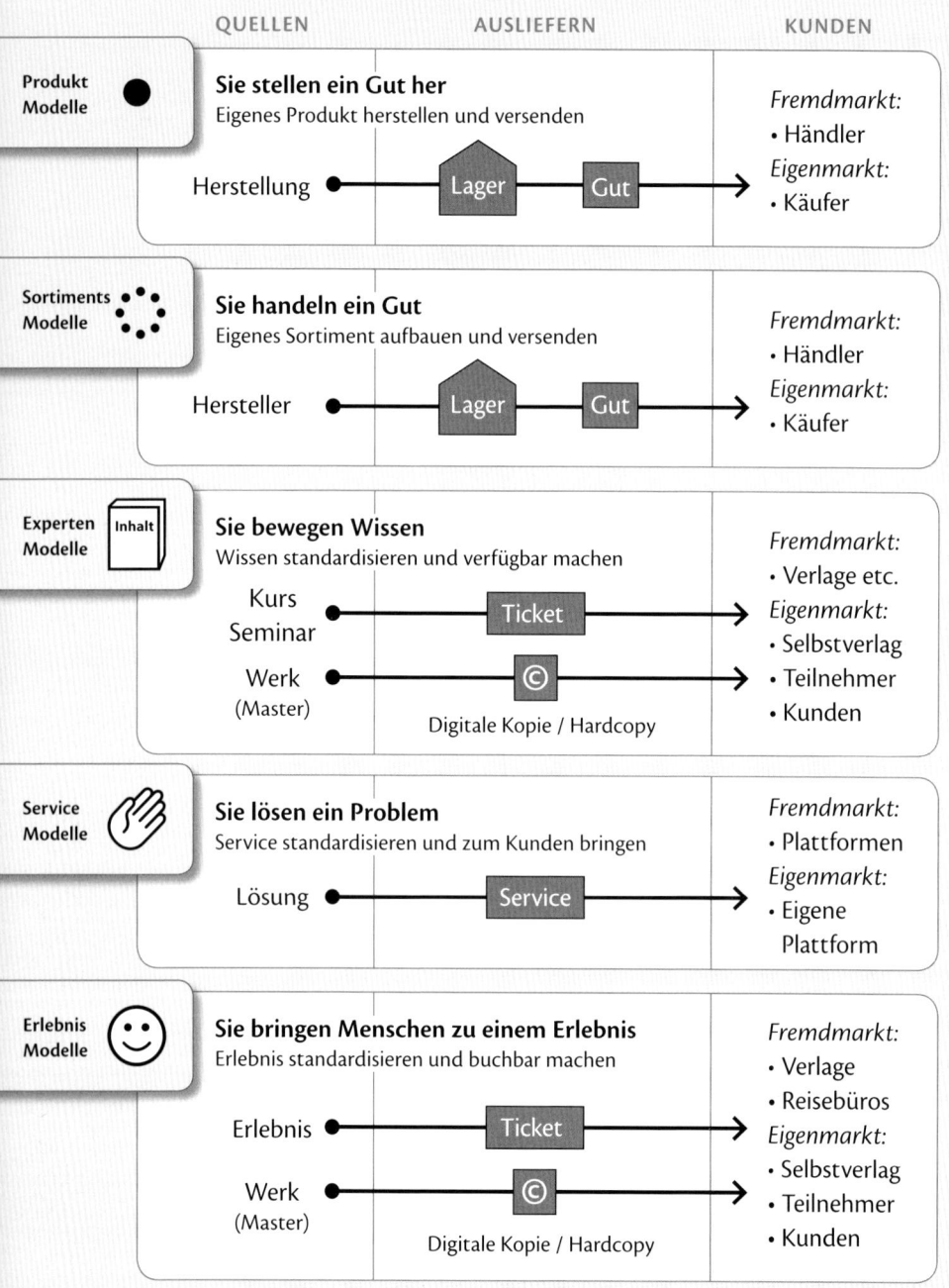

Die Aufzählung der Märkte und Kunden ist exemplarisch.

Solo oder Team?

Wenn Sie sich die fünf Prozessketten links ansehen, werden Sie sich vielleicht fragen: Was ist daran neu? Händler oder Hersteller etc. hat es doch schon immer gegeben.

Das neue an den smarten Typen ist *die Schlankheit der Systeme*. Wir haben diese Muster aus unserer Arbeit mit erfolgreichen Solopreneuren abgeleitet. Je einfacher Sie Ihre Strukturen denken, um so smarter werden Sie. Zentral ist dabei die Frage, wie groß Ihr Team ist.

NEUES DENKEN

Solopreneur

- Sie sind alleiniger Inhaber
- Sie ziehen evt. Freelancer hinzu
- Sie sind ortsunabhängig

Solopreneur-Paar

- Sie sind als Paar alleinige Inhaber
- Sie ziehen bei Bedarf Freelancer hinzu
- Sie sind ortsunabhängig

ich bin
solo

Smartes Team (Remote)

- Sie sind ein kleines Team
- Arbeiten von verschiedenen Orten aus
- Vernetzt durch Tools im Internet

Klassisches Team in einem Office

- Sie sind ein kleines Team
- Arbeiten in einem Büro
- Sehen sich regelmäßig in der Woche

Ihre Quellen

Smarte Fragen

- Welche Möglichkeiten haben Sie bereits?
- Wo können Sie leicht anfangen?

Stärken, Quellen, Wissen

- Haben Sie eine besondere Stärke?
  - eine Lösungsfähigkeit, Talent, Stärke
  - einen Expertenstatus
  - ein Netzwerk auf einem Gebiet
  - eine besondere Erfahrung

- Haben Sie besondere Quellen?
  - ein besonderes Grundstück
  - besonders gute Kontakte
  - Rechte (Musik / Patente / Nutzung)
  - Zugang zu (hoch)wertigen Gütern

Ihre Marktzugänge

- Welche Märkte kennen Sie und können Sie leicht bestücken?
- Einzelhandel / Großhandel / Fachgeschäfte
- Firmen, Großverbraucher, die Ihnen ein Produkt abnehmen würden
- Onlinemärkte wie amazon.de oder andere, die Sie nutzen können
- Sondermärkte (Börsen / Verwertungen / Ausland)

- Wo können Sie EIGENE Märkte schaffen?
- Direktmarkt: Wie können Sie direkt zu Ihren Kunden kommen?
- Offline-Versandliste / Online-Versandliste, E-Mail-Marketing
- Direkt vor die Haustür?

- Wo können Sie NEUE Märkte schaffen?

Durch Schaffung neuer Kategorien, Gattungen oder Marktplätze:
- Offline = 1 Euro Shop, Coffee-to-go
- Online = Online-Termin-Börse für Kugellager

Ihnen bekannte Funktionsmodelle

Funktionsmodelle sind in sich geschlossene Geschäftskonzepte. Quasi „Business Rezepte". Beispiel ist die Imbissbude: Dies ist ein Fahrzeug, das an öffentlichen Plätzen aufgestellt wird. Klappe seitlich, Curry-Wurst über Tresen. Dies ist ein Modell, das erwiesenermaßen funktioniert.

- Welche Funktionsmodelle kennen Sie und haben Sie überzeugt?
- Offline = Imbissbude, Pizza-Service, Café, Agentur, Reisebüro …
- Online = Shop, Online-Vermittlung, Suchmaschine, Abo-Service …

Ihnen bekannte Komponenten

- Welche Softwarekomponenten kennen Sie?
- Welche anderen Komponenten kennen Sie?   Beispiel: Logistiker
- Jeder Produzent / Hersteller kann für Sie zur Komponente werden

Starker Kundenbedarf

Kennen Sie ein Problem oder einen starken Wunsch, stehen Sie kurz vor einer Idee. Von daher lohnt es sich auf die Stolpersteine des Lebens zu achten. Siehe dazu das Fallbeispiel Wandhalter.TV auf Seite 111

- Kennen Sie ein starkes Grundbedürfnis?
- Starker Bedarf / starke Freude / schöner Genuss
- Starke Unsicherheit / Sorge / Ärger
- Kennen Sie ein echt ärgerliches Problem?
- Kennen Sie DIE Lösung für ein gut adressierbares Problem?
- Wofür würden Sie meilenweit gehen?

Wer heute ein Smartphone auf den Markt bringen will,
muss auf bis zu 250.000 Patente Rücksicht nehmen.

Google Justiziar David Drummond im März 2011

In unserer wettbewerbsorientierten Welt ein
Unternehmen zu führen, gleicht der Kriegsführung.
Zugrunde liegen muss, was das Militär die
KISS-Prinzipien nennt: Keep it simple and stupid.

Jack Trout in seinem Buch „Die Macht des Einfachen"

Ein WOW!-Angebot schaffen

18 einfache, konkrete, skalierbare Geschäftsmodelle

Für Ihre Geschäftsidee suchen Sie eine Leistung oder ein Produkt, das sich einfach über smarte Geschäftsprozesse bewegen lässt. Damit Ihr Angebot ein Erfolg wird, muss es an einer Stelle die Nase vorne haben.

Wir stellen Ihnen 18 grundlegende smarte Business-Modelle vor, mit denen es andere Solopreneure geschafft haben, ein skalierbares Produkt zu entwickeln. Aber starten wir zunächst bei den Grundregeln, wie Sie attraktiv werden.

Werden Sie WOW!

Ein WOW!-Angebot schaffen

Das Normale überholen

Wir leben in einer Zeit des Überangebotes. Auf den ersten Blick scheint es so, als wenn wir in Gütern ertrinken. Wenn Sie aber genau hinsehen, stimmt dies nicht. Es ist genug Platz für wirklich gute Angebote.

Es gibt zu viel „normal". Es fehlt an vielen Stellen „das Richtige".

Schaffen Sie ein WOW!-Angebot

Schaffen Sie für andere einen echten (neuen) Nutzen. Etwas, bei dem Sie selbst „WOW!" sagen würden. Lösen Sie ein Problem, für das Sie bisher noch keine überzeugende Lösung gesehen haben.

- An einer Stelle besser sein
- An einer Stelle kompetenter (begeisterter, authentischer) sein
- An einer Stelle schöner (einfacher, sinnvoller) sein
- An einer Stelle günstiger sein
- An einer Stelle sicherer sein
  . . . Sie können diese Liste beliebig fortsetzen.

WOW – häufig ist es einfach nur eine größere Konsequenz

Um WOW! zu sein, müssen Sie nicht größer als andere sein. Sie müssen noch nicht einmal in der technischen Qualität an erster Stelle liegen. Um WOW! zu sein, reicht es aus, anders zu sein oder an einer Stelle, an der andere noch nicht sind. Oder einfach nur konsequenter zu sein. Viele andere machen ihren Job lieblos. Es reicht aus, den Bedarf / Geschmack einer Gruppe besser als andere zu treffen. Gestalten Sie ein „unwiderstehliches" Angebot. Versetzen Sie sich in die Situation des Nutzers. Wann würde er zugreifen? Wann würde er sagen: „Das ist das beste (einzig sinnvolle) Angebot." Wann wäre er bereit, dafür Ihren Preis zu zahlen?

Den WOW!-Effekt haben wir nicht erfunden.
Tom Peters sprach immer wieder davon. Seien Sie nicht normal, seien Sie WOW!

| ÜBUNG | Was ist bei der Hasenfarm WOW? |

- Warum sind die Bunny-T-Shirts so ein Erfolg?
- An welcher Stelle überzeugt die HASENFARM?

Die T-Shirts alleine sind es natürlich nicht. Es ist das Design der T-Shirts und die gesamte Story hinter dem Shop: Hasen an die Weltmacht. Wer kann dieser Aufforderung widerstehen? Für die Rationalisten unter uns: Das hat nichts mit Vernunft zu tun.

| ÜBUNG | Was ist an der Teekampagne WOW? |

- Warum war 1 kg Darjeeling Tee im Abo attraktiv?
- Was machte die Teekampagne von Prof. Faltin so erfolgreich?

Antwort: Bessere Qualität zu einem besseren Preis. Dazu die Erleichterung, den gesamten Schwarztee eines Jahres im Schrank stehen zu haben.

▶ Teekampagne siehe Fallbeispiel S. 108

Vorgehen in der Entwicklung

Schritt 1 – Das grundlegende Angebot finden

Ein guter Start ist es, endlich einmal ein Angebot zu unterbreiten, bei dem wirklich alles berücksichtigt wurde. Das grundlegend überzeugend ist.

Schritt 2 – Steht das Angebot in Grundzügen, machen Sie es WOW!

Gehen Sie dann einen Schritt weiter: Machen Sie das Angebot WOW!

SCHRITT 1	SCHRITT 2
Das Grundlegende entwickeln	Den WOW! Effekt aufsatteln

Was ist, wenn Sie nicht wissen, was WOW! ist? Fragen Sie die Kunden! Beschäftigen Sie sich mit Lean Startup und kundenzentrierten Ansätzen.

95

Durchsetzungsfähigkeit durch einen WOW!-Sprung

Damit ein Angebot wirklich als erkennbar besser wahrgenommen wird, reicht ein kleines Detail nicht aus. Das Angebot / Produkt muss einen echt wahrnehmbaren Innovations-Sprung aufweisen.

> **FUNKTIONIERT NICHT** Zu kleine Unterscheidung
>
> Sie wollen eine Outdoor-Jacke herstellen, haben eine 5 % bessere Wärmedämmung als die Jacken von *Jack Wolfskin* und wären 10 % günstiger. Können Sie damit Wolfskin schlagen? Niemals. 5 % Qualitätsunterschied merkt niemand und 10 % billiger als ein Markenprodukt zu sein, hilft Ihnen auch nicht weiter.

doppelt so gut, doppelt so einfach, super-bequem, einfach himmlisch

Damit Sie als besser wahrgenommen werden, müssen Sie merklich besser sein. Wirklich auffallend besser. Sagen wir einmal doppelt so gut. Wir nennen dies einen WOW!-Sprung. Unmöglich? Nein. Das ist machbar.

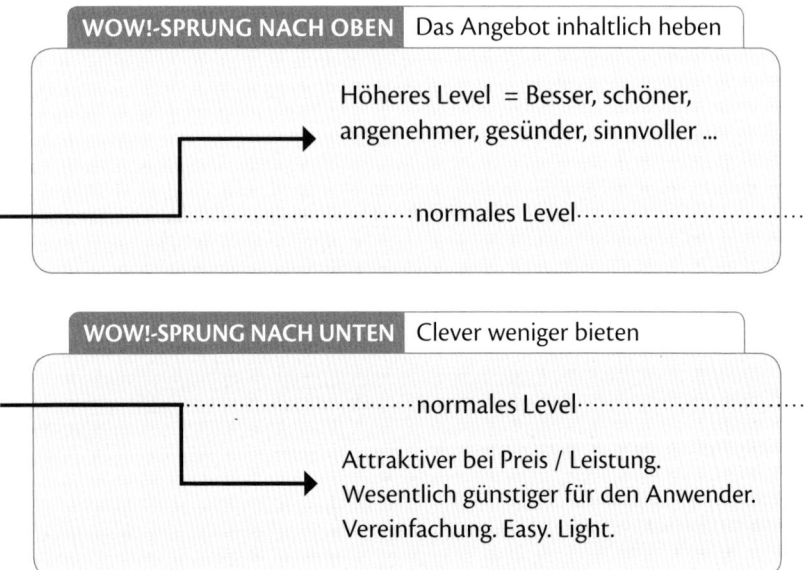

WOW!-SPRUNG NACH OBEN Das Angebot inhaltlich heben

Höheres Level = Besser, schöner, angenehmer, gesünder, sinnvoller ...

normales Level

WOW!-SPRUNG NACH UNTEN Clever weniger bieten

normales Level

Attraktiver bei Preis / Leistung. Wesentlich günstiger für den Anwender. Vereinfachung. Easy. Light.

FRAGE-TECHNIK — um den WOW!-Effekt zu finden

WOW!-Sprung nach oben

▶ Was kann getan werden, um das Produkt optimal anzupassen?

▶ Für was würden Kunden wirklich mehr Geld ausgeben?

▶ Was würde einen doppelt so hohen Preis rechtfertigen?

▶ Was wäre Premium, 1A-Qualität, gesünder...

WOW!-Sprung nach unten

▶ Wie können Sie im Preis stark nach unten gehen?

▶ Wie können Sie stark vereinfachen?

▶ Wie können Sie viele Varianten wegnehmen?

▶ Wie wird es für den Kunden viel leichter?

Beispiele von Alleinstellung

▶ Eine hohe Seltenheit / Einmaligkeit

▶ Eine große Schönheit / Attraktivität

▶ Ein (wesentlich) besserer Preis

▶ Eine bessere (individuellere) Lösung

Clevere Pakete

Eine weitere Möglichkeit, einen WOW!-Sprung zu erzeugen, ist ein cleveres Paket zu schnüren. Was können Sie addieren, das Ihr Kernangebot nach vorne zieht?

▶ Was könnten Sie kostenneutral obenauf legen, damit sich der Nutzen für den Kunden verdoppelt?

Zusatzleistung	for free	}
Kernprodukt	Preis normal	zusammen attraktiv

18

exemplarische

::::

smart **business** concepts

Seien Sie konsequent, nicht innovativ

Es ist heute ein beliebtes Spiel, Dinge zu entwickeln, die noch niemand gedacht hatte. Ist dies aber smart? Disruptive Innovation ist risikoreich.

Für Solopreneure sinnvoller sind Modifikationen: Sie ändern strategisch einige Merkmale so, dass Ihr Angebot attraktiver wird als das anderer. Oder Sie ändern es so, dass es einfach A N D E R S ist. Die 18 Konzepte, die wir Ihnen zusammengestellt haben, ermöglichen Ihnen genau dies:

- Sie sind bewährt - es gibt Belege, dass sie funktionieren
- Es gibt genug Möglichkeiten, zu modellieren
  (Also genug Raum für Ihre Neukombination)
- Die Ideen können skaliert und automatisiert werden
- Die Ideen sind einfach und nicht zu komplex
- Eine Person kann sie in einer überschaubaren Zeit aufbauen

Produkt Modelle	
Sortiments Modelle	
Experten Modelle	
Service Modelle	
Erlebnis Modelle	

Die richtige Abteilung im Ideen-Supermarkt

Fünf Regale, in denen Sie fündig werden

Wenn Sie ein WOW!-Angebot entwickeln wollen, das mit einer geringen Komplexität funktioniert, gibt es fünf Trassen, auf denen solche Konzepte einfacher umzusetzen sind als an anderer Stelle.

Konzentrieren Sie sich auf

- ein Produkt
- ein Sortiment
- ein Thema
- einen Service oder
- ein Erlebnis

Entscheidend bei diesem Raster ist die Reduktion auf einen Prozess-Strang. Natürlich stellen viele Firmen Produkte her, viele Läden haben ein Sortiment, jeder Dienstleister bietet einen Service. Denken Sie dabei aber nicht klassisch. *Reduzieren Sie Ihr Angebot auf einen klar fokussierten Strang.* Die Kunst ist es, Ihr WOW!-Angebot in einen möglichst stabilen, einfachen Prozess zu bekommen. Damit Ihnen das gelingt, haben wir Konzepte gesucht, bei denen andere nachweislich smart unterwegs sind.

TIPP Nehmen Sie ein Modell als Vorlage

Sie können später auch neu kombinieren und weitere Modelle suchen. Erfinden Sie das Rad zunächst aber nicht neu.

- Finden Sie ein Modell, das Sie verstehen
- Entwickeln Sie dann für dieses Modell gezielt Ideen
- Setzen Sie ein Konzept schnell um

Wie sind wir auf die fünf Hauptmodelle gekommen?

Als wir die ersten Smart Business Concepts entdeckten, waren wir verblüfft. Da waren Entrepreneure, die mit einem smart ausgesuchten Werkzeugkasten hohe Umsätze erzielten – ohne so viel Energie in Programmierung gesteckt zu haben, wie wir das von Start-ups kannten.

Wir begannen selbst zu experimentieren und unsere Fallbeispiele zu sortieren. Die Experten waren recht schnell zu identifizieren. Gerade in den USA gibt es für sie viele Modelle und Konzeptvorlagen. Ab dann wurde es etwas schwieriger. Andere Business Modelling Ansätze ordnen nach „Patterns", also kunstvollen Geschäftsmodell-Figuren. Uns wurde klar, dass für Solopreneure die Person der zentrale Ausgangspunkt ist. Die Wurzel zu Ihrem besten Geschäftsmodell liegt in Ihrem Entrepreneur-Typ.

Als wir die 5 Solopreneur-Typen zusammen hatten, klassifizierten wir zu jedem Solopreneur-Typ eine Geschäftsmodell Oberklasse und zu jeder dieser Schubladen dann die einzelnen Konzepte.

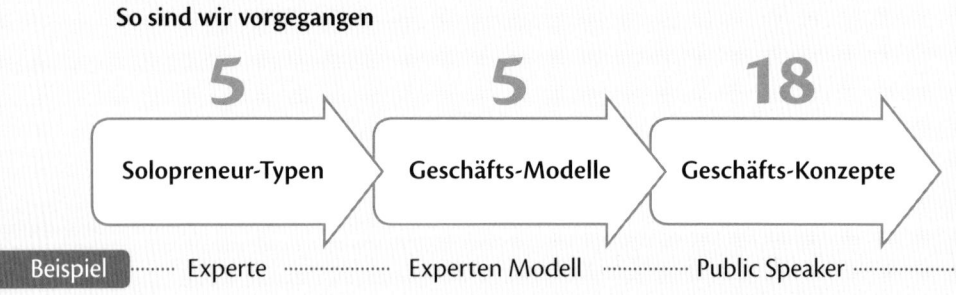

Dieses Raster ist als Katalysator gemeint. Es kann sein, dass Sie sofort wissen, was für ein Solopreneur-Typ Sie sind. Es kann genauso gut passieren, dass Sie sich von einem speziellen Produkt angezogen fühlen und von dort ausgehend dann erst Ihre Rolle finden. Nutzen Sie diese Denkvorlagen frei, es kommt nicht auf die Reihenfolge an.

Die 5 Solopreneur-Typen

Wissen Sie auf Anhieb, welche Entrepreneur-Persönlichkeit Sie sind? Das kann ein erster Hinweis sein. Wo können Sie ein gutes Angebot schaffen? Fünf Typen sehen wir immer wieder bei Solopreneuren:

Solopreneur-Typen		Smart Business Concepts	
Der Produzent	stellt ein Produkt selbst her – oder lässt es herstellen	**Produkt Modelle**	●
Der Händler	handelt mit einem Sortiment – stellt dieses i.d.R. nicht her	**Sortiments Modelle**	
Der Experte	baut sein Business um sein Wissen auf	**Experten Modelle**	Inhalt
Der Problemlöser	bietet einen Service und nimmt anderen Arbeit ab	**Service Modelle**	
Der Kreative	schafft ein Erlebnis und vermarktet dieses	**Erlebnis Modelle**	☺

Gibt es Mischungen der Typen?

Ja. Gehen Sie einmal auf die Website *funslippers.de*

Claudia Weis ist erfolgreiche deutsche Solopreneurin. Ihr Shop ist ein Sortiments Modell. Sie ist damit eine *Händlerin*. Es gibt aber zwei weitere Aspekte: Die Idee ist kreativ, ihre Hausschuhe haben *Erlebnischarakter*. Slogan: *Endlich Schluss mit langweiligen Hausschuhen*. Und sie ist eine Makerin, denn sie entwirft die Hausschuhe seit 2006 selbst und stellt die Hausschuhe her. Damit ist sie auch *Produzentin*.

Selbst erstellen? Nur eine von vielen Möglichkeiten.

Sie?

Produkt Modelle

Sie vermitteln das Gut = Händler (1 Produkt) ☐

Sie stellen das Gut selbst her = Produzent ☐

Sie lassen das Gut herstellen = Markeninhaber ☐

Sortiments Modelle

Sie vermitteln das Sortiment = Händler (Shop) ☐

Sie erstellen das Sortiment = Produzent ☐

Sie stellen das Sortiment = Franchise-Geber ☐

Experten Modelle Inhalt

Sie vermitteln den Inhalt = Händler ☐

Sie schaffen den Inhalt = Experte ☐

Sie lassen den Inhalt schaffen = Verleger ☐

Service Modelle

Sie vermitteln die Leistung = Makler ☐

Sie leisten selbst = Selbstständiger ☐

Sie lassen andere leisten = Lizenz-Geber ☐

Erlebnis Modelle ☺

Sie vermitteln das Erlebnis = Agent ☐

Sie schaffen das Erlebnis selbst = Künstler ☐

Sie lassen das Erlebnis schaffen = Veranstalter ☐

exemplarische smarte Konzepte

Ein klares skalierbares Produkt auf den Markt bringen

▶ Modell Alleinstellungsmerkmal 1 schützbares Produkt
▶ Modell Großpackungs-Abo   1 Großpackung im Abo
▶ Modell White Label   1 halbfertiges Produkt (= Zulieferer)

Ein Spezial-Sortiment skalierbar platzieren

▶ Modell Long Tail   1 Nischenthema ausstatten
▶ Modell Starkes Bedürfnis   Ein starkes Thema sortimentieren
▶ Modell Schönheit, Qualität   Besonders ausgewähltes Sortiment
▶ Modell Package   1 vorteilhafte Zusammenstellung

Ein Wissens-Programm skalierbar platzieren (Experte)

▶ Modell Spezialautor   Seminare + Bücher zu 1 Fokus-Thema
▶ Modell Public Speaker   Gruppe lernt zusammen + Kurs-System
▶ Modell Membership-Portal   Zugang zu einer Intrazone geg. Gebühr
▶ Modell Branchen Report   Newsletter mit einem Report
▶ Modell Social Media Blogger   Breit vernetzter Wissensarbeiter

Einen gleichförmigen Service skalierbar aufstellen

▶ Modell Schnittstelle   Integrierten digitalen Workflow schaffen
▶ Modell Pooling   Gleichförmige Aufträge clever poolen
▶ Modell Branchenlösung   1 Lösung für neue Branche adaptieren

Ein Erlebnis „buchbar" machen

▶ Modell Entertainment   Game, Film, Musik, Roman
▶ Modell Ereignis   1 Ereignis buchbar machen
▶ Modell Magic Place   1 festen Platz buchbar machen

Die Ideenfindung

Ihre Möglichkeiten / Einstiegspunkte

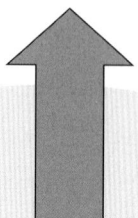

RECHERCHIEREN

Ihre

Ihnen bekannte

Quellen	Marktzugänge
Stärken	Funktionsmodelle
Möglichkeiten	Lösungen

KOMBINIEREN

Haben Sie ein Produkt vor Augen,
suchen Sie den besten Prozess dafür.
Ist Ihnen ein Geschäftsmodell sympathisch,
suchen Sie nach dem dafür optimalen Produkt.

**Bestehendes
neu verbinden**

⸬
smart**BUSINESS**CONCEPTS

Produkt Modelle	●

Experten Modelle	 Inhalt

Sortiments Modelle	⠿

Service Modelle	

Erlebnis Modelle	☺

Wie schaffen Sie aus
Ihren Möglichkeiten

• ein Produkt?
• ein Sortiment?
• ein Wissensprodukt?
• einen (skalierbaren) Service?
• ein (skalierbares) Erlebnis?

IHR KREATIVER RAUM

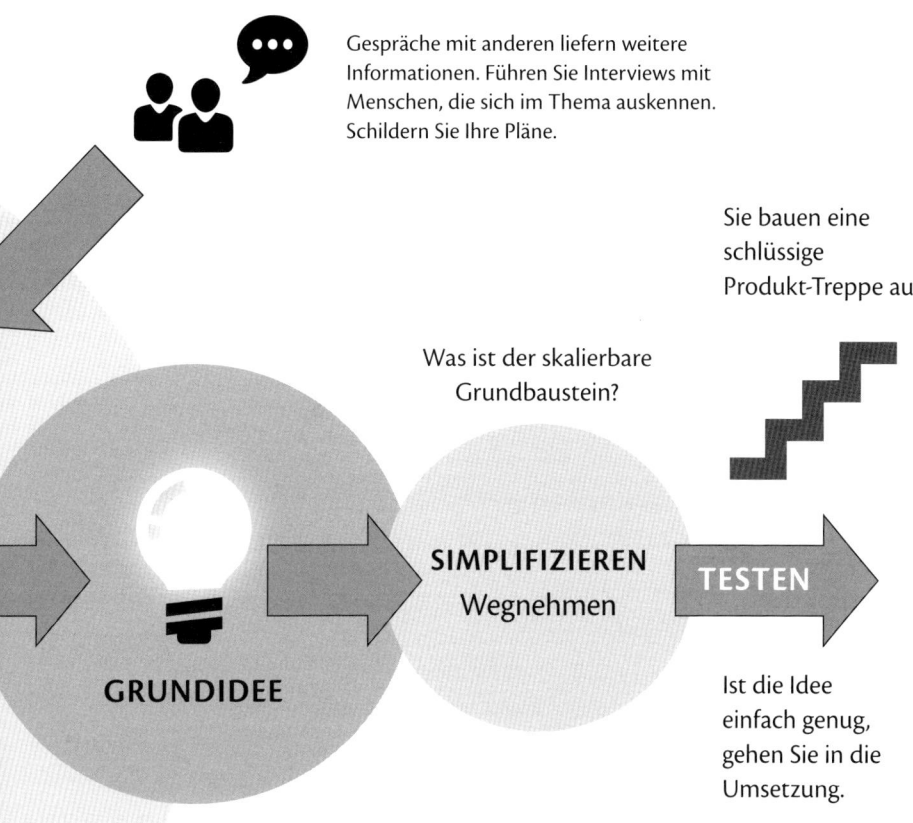

Gespräche mit anderen liefern weitere Informationen. Führen Sie Interviews mit Menschen, die sich im Thema auskennen. Schildern Sie Ihre Pläne.

Sie bauen eine schlüssige Produkt-Treppe auf.

Was ist der skalierbare Grundbaustein?

SIMPLIFIZIEREN
Wegnehmen

TESTEN

GRUNDIDEE

Ist die Idee einfach genug, gehen Sie in die Umsetzung.

Bildhauer-Technik

Gehen Sie nicht davon aus, dass Ihre Idee statisch ist.
Es geht nicht um den einen Groschen, der plötzlich fällt,
sondern in der Regel um eine Reihe von Impulsen.
Schritt für Schritt entsteht eine erste Variante (Prototyp),
mit dem Sie in eine erste Umsetzung gehen.
Ab dann wird die Idee weiter geformt und verbessert.
Warten Sie nicht auf einen Geistesblitz. Erzeugen Sie
eine Reihe von Mini-Blitzen. Arbeiten Sie wie ein Bildhauer:

Skizzieren - Wegnehmen - Skizzieren - Wegnehmen

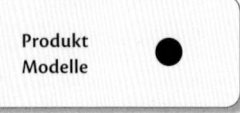

Produkt
Modelle

Ein klares, skalierbares Produkt auf den Markt bringen

Die einfachsten *Smart Business Concepts* sind Ein-Produkt-Ideen.
Sie konzentrieren sich auf eine einzige Prozesskette und sind dort stark.

Was ist der Trick an den Ein-Produkt-Konzepten?

- Sie sind an einer Stelle stärker oder anders als andere
- Sie können diese Stärke wiederholen und wiederholen und ...
- Sie haben einen Namen, eine Klarheit, eine Einfachheit
- Sie verzetteln sich nicht

Hier die drei wichtigsten Varianten der Ein-Produkt-Idee:

1 **Modell Alleinstellungsmerkmal**

Sie vermarkten ein Produkt, mit einem starken Unterscheidungsmerkmal. Idealerweise haben Sie ein Patent darauf. Sie konzentrieren sich auf dieses Produkt und bringen es selbst oder über andere auf den Markt.

Beispiel *Strida* vertreibt weltweit ein einziges patentiertes Klapprad. Das Fahrrad ist sehr eigen. Die Firma bestand lange Zeit aus nur zwei Personen: Dem Geschäftsführer und einem Finanzier. www.strida.com

Ihr Produkt muss aber nicht patentiert sein. Häufig liegen Ideen herum, die andere einfach noch nicht entdeckt bzw. nicht gut vermarktet haben.
Beispiel Ein Fallbeispiel ist dafür die *Snuggie* (siehe Fallbeispiel rechts).

2 **Modell Großpackung**

Wichtig bei den Ein-Produkt-Ideen ist der WOW!-Sprung. Das Modell Großpackung machte Prof. Faltin in Deutschland mit seiner *Teekampagne* bekannt. Dabei wird eine Ware, die bisher im Handel nur in kleinen Mengen zu bekommen ist, als Großpackung herausgebracht. Der WOW!-Sprung für den Kunden: Besserer Preis bei höherer Qualität.

The Slanket / The Snuggie – die Ärmeldecke

In den USA wurden gleich zwei *Smart Business Concepts* mit der gleichen Idee erfolgreich: einer Flauschdecke mit angenähten Ärmeln.

1997 ärgerte sich *Gary Clegg* über kalte Arme beim Ansehen einer nächtlichen Talk-Show. Er lag zwar unter einer Decke, sein Arm musste aber immer wieder unter dieser hervor, um die Fernbedienung zu greifen. Deshalb schnitt Clegg einfach ein Loch in die Decke und steckte seinen Arm mit der Fernbedienung hindurch. Der Arm wurde trotzdem kalt. Daraufhin nähte seine Mutter ihm einen Ärmel an die Decke. Die **Slanket** war geboren. Einige Jahre nutzte Gary Clegg die Ein-Ärmeldecke nur für sich und entschloss sich erst später, mit der Idee auf den Markt zu gehen (dann als Zwei-Ärmel-Version). Eine Patentierung misslang. Das Produkt sei zu einfach und angeblich ohne Unterscheidungsmerkmal. Erfolgreich wurde er, als er die Ärmeldecke über QVC bewerben ließ.

Der große Erfolg der Ärmeldecke kam dann in einer zweiten Welle mit *The Snuggie*. Die Snuggie kam 2008 auf den Markt und ist im Kern die gleiche Idee. Das Marketing unterschied sich aber. Die Snuggie verfolgte eine Niedrigpreis-Strategie. Während die Slanket 32.99 $ kostete, kam die Snuggie zunächst einzeln für 14.95 $ auf den Markt und später für 19.95 $ mit einem „Buy-One-Get-One-Free" Angebot. Ab dann verkaufte sich die Snuggie in unglaublichen Zahlen. Die Snuggie wurde in den USA der Markenname für die Ärmeldecke, so wie in Deutschland *Tempo* der Umgangsname für Papiertaschentücher ist.

Die Erfolgsfaktoren der Snuggie

- ein guter Name
- niedriger Preis + Buy-One-Get-One-Free-Angebot
- witzige Farben und Motive (Produktdesign)
- kreative Werbung
- Kultstatus mit Snuggie-Parties
- Internet: YouTube-Filme (virales Marketing) etc.

www.mysnuggiestore.com

107

Beispiel *Die Teekampagne* ist eines der schönsten und ältesten Beispiele für ein systematisch geplantes *Smart Business Concept* aus Deutschland. Prof. Faltin brachte mit seinen Studenten 1985 als erster die 1 kg Packung für Tee auf den Markt. Die Kampagne beschränkte sich radikal: Nur eine einzige Sorte Tee (Darjeeling). Dafür die beste Qualität. Diesen nur als Großpackung. Kein Zwischenhandel. Dafür ein sehr guter Preis und eine hohe Qualitätskontrolle. Obwohl Prof. Faltin und seine Studenten vorher keinerlei Erfahrung mit Teeimport hatten, schlugen sie mit diesem Konzept die großen Teefirmen, sind seit 1995 der größte Teeversandhandel Deutschlands und seit 1997 der weltweit größte Importeur von Darjeeling-Blatt-Tees. Dokumentiert ist das Vorgehen in dem Buch *Kopf schlägt Kapital*, Pflichtlektüre in Punkto *Smart Business Concepts*. Wir persönlich trinken bis heute unseren Schwarz- und Grüntee von der Teekampagne. www.teekampagne.de

Das spannende am Modell Großpackung: Es ist fast beliebig anwendbar. *Ratio Drink* war 2006 einer der ersten „Clones" der Großpackungsidee. Angewandt auf Fruchtsaft-Konzentrat. www.ratiodrink.de

Modell White Label

3 Bei diesem Modell erstellen Sie ein halbfertiges Produkt (eine Vorstufe) oder ein sog. White Label. Andere Firmen können Ihr Produkt übernehmen und unter dem eigenen Namen verkaufen: z.B. Bulkware (Grundstoff, Grundsubstanz) oder ein Produkt in neutraler Verpackung. Der Abnehmer kann sein eigenes Label aufbringen und hat dadurch plötzlich eine eigene Marke. Der Charme an diesem Modell: Sie nutzen konsequent die Märkte anderer. Denken Sie bei diesem Modell so: Sie schaffen Marken, mit denen andere handeln können.

Variante A: Ihr Produkt trägt keinen Markennamen und kann das des Kunden tragen (= White Label).

Variante B: Sie haben eine fertige Marke, die ein anderer nutzt. Das war der Fall bei der **Bergmann 1957** (siehe Fallbeispiel rechts).

Die Bergmann 1957

Zuliefern bringt Stückzahl

I+D Trading klingt auf den ersten Blick nicht nach einem *Smart Business Concept*. I+D Trading hat aber smarte Gene. Jens Richter stellt – wenn man es genau betrachtet – Label für andere Leute her.

Bekannt wurde die Geschichte seines ersten „Label-für-andere"-Produktes, die *Bergmann 1957*. Er kam um die Jahrtausendwende auf den Gedanken, alte Designs von Uhren günstig wieder neu aufzulegen (zu modellieren). Er setzte sich also gar nicht unter den Stress, besonders einmalig und neu zu sein. Er wollte einfach sein und günstig produzieren.

Die Bergmann 1957 war inspiriert von einer Uhr, die er von seinem Großvater geschenkt bekam, der Bergmann im Erzgebirge war. Er entwarf ein eigenes schlichtes „Retro-Design", nannte die Uhr Bergmann 1957 und verkaufte damit eine historisch anmutende Uhr, die es nie gegeben hat.

Auf welchen Markt ging Jens Richter? Ging er mit der Bergmann 1957 in den klassischen Uhrenhandel? Nein. Er bot die Uhr Verlagen als Prämie für Abos an, nutzte also einen Fremdmarkt – mit überragendem Erfolg.

Der Nutzen für die Verlage: Sie konnten als Prämien Uhren anbieten, die wie eine Markenware aussahen, zahlten dafür aber wenig. Die Verlage konnten ein Produkt in niedriger Stückzahl abnehmen, das in hoher Stückzahl produziert wurde. Nutzen für Jens Richter: Hohe Stückzahlen. Alleine könnte keiner die Uhr zu dem Preis anbieten. Inzwischen ist er mit über 70 Modellen einer der größten Uhrenproduzenten Europas (in Bezug auf die Stückzahl).

Smart? Definitiv. Auch heute noch schafft Jens Richter einfache, simple Lösungen F Ü R   A N D E R E. „Von einem Give-Away, über die Zugabe bis zur passenden Prämie - wir sind Ihr Ansprechpartner . . ." so steht es auf seiner Website und so schafft er Label, die es vorher nicht gab.

www.bergmann-uhren.de

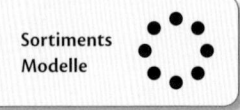

Sortiments
Modelle

Ein skalierbares Sortiment auf den Markt bringen

Eigentlich gibt es schon alles. Aber der Kunde findet es nicht! Es ist versteckt unter Tausenden anderer Möglichkeiten. Oder der Kunde bekommt es nicht, da der Baumarkt nur eine Marke führt. Das ist Ihre Chance. Sie stellen ein hochwertiges, kompaktes Sortiment zusammen, das in der Zusammenstellung die Mitbewerber schlägt.

Was ist der Trick an den Spezialsortimenten?

▶ Sie haben die bessere (gezieltere oder größere) Auswahl

▶ Sie erklären die Produkte besser (z.B. mit Videos)

▶ Alles passt zusammen (ein Qualitäts-Level)

▶ Alles für einen Bereich aus einer Hand

Vier Geschäftsmodelle, wie sie ein Spezial-Sortiment aufbauen:

Modell Long Tail

Im Internet lohnt es, sich auf sehr kleine Nebenmärkte zu spezialisieren. Ein normaler Laden kann es sich nicht leisten, alle Produkte einer Neben-Gattung zu haben. Online ist dies möglich. Dass im Internet viel Platz für solche hochspezialisierten Sortimente ist, hat *Chris Anderson* in seinem Buch *The long Tail* herausgearbeitet.

Nutzen für den Kunden: Endlich einmal jemand, der sich an diesem Punkt wirklich auskennt. Er bekommt das Richtige aus einer Hand und Spezialangebote zu seinem Thema.

Beispiele

Seite nur für TV-Wandhalterungen	www.wandhalterung.tv
Shop nur mit glutenfreien Produkten	www.glutenfrei-supermarkt.de
Seite für den Rittersmann	www.ritterladen.de

Wie eine Wandhalterung zum Schlüssel des Erfolgs wird

Wir lernten *Thomas Fröhlich* kennen, weil er seine Firma von uns umbenennen lassen wollte. Dabei erzählte er uns seine Geschichte. Die eines glasklaren *Smart Business Concepts*.

2006 wollte Thomas Fröhlich, Familienvater von 2 Kindern, ein Sonderangebot nutzen, um einen der ersten Flachbildschirme zu kaufen. Er versprach sich davon mehr Platz im engen Wohnzimmer der Familie. Der Flachbildschirm sagte für etwas mehr als 1.300 Euro zu, er kaufte ihn direkt in einem der großen deutschen Elektrofachmärkte. Nun fehlte nur noch der Wandhalter, um den Bildschirm an die Wand zu bringen.

Damit begann die Misere. Der Verkäufer zeigte ihm einen billig aussehenden Halter, von dem er nicht wusste, ob er überhaupt zum Gerät passte. Der Preis: 150 Euro.

„Ich kenne mich ein wenig mit Metallverarbeitung aus. Der Halter war nie 150 Euro wert. An dem Tag verließ ich den Laden mit einem Bildschirm, aber ohne Wandhalterung. Ich konnte das neue Stück nicht in Betrieb nehmen, weil mir ein Stück Blech fehlte."

Den richtigen Halter günstig zu bekommen, erwies sich als eine Odyssee mit mehreren Anläufen. Dieses ärgerliche Erlebnis ließ Thomas Fröhlich nachdenken: Wie viele andere Käufer musste es geben, die ebenfalls unverrichteter Dinge einen Laden verließen? Erste Versuche, Wandhalterungen in Online-Auktionen oder selbst direkt zu verkaufen hatten nur mäßigen Erfolg. Dann formte sich die Idee: Was wäre, wenn man eine Online-Suchmaschine nur für TV-Wandhalterungen baut? Thomas Fröhlich schritt zur Tat und brachte seine Seite *wandhalterung.tv* 2008 ans Netz.

Long Tail

Ein normaler Elektroladen und selbst ein Medienmarkt kann es sich nicht leisten, Spezialist für Wandhalterungen zu sein. Diese Nische wird im Internet rentabel.

Einfachheit

Das Angebot besticht durch seine Einfachheit. Wer auf die Seite kommt, muss nur den Typ seines Flachbildschirms eingeben. Schon erscheint der dazugehörige Wandhalter. Was einfach aussieht, ist nicht ganz so einfach zu schaffen. Ein ständiger Kontakt zu allen Herstellern von Flachbildschirmen führt dazu, dass die Suchmaschine sofort bei Erscheinen eines neuen Gerätes auch sofort die richtige Halterung kennt.

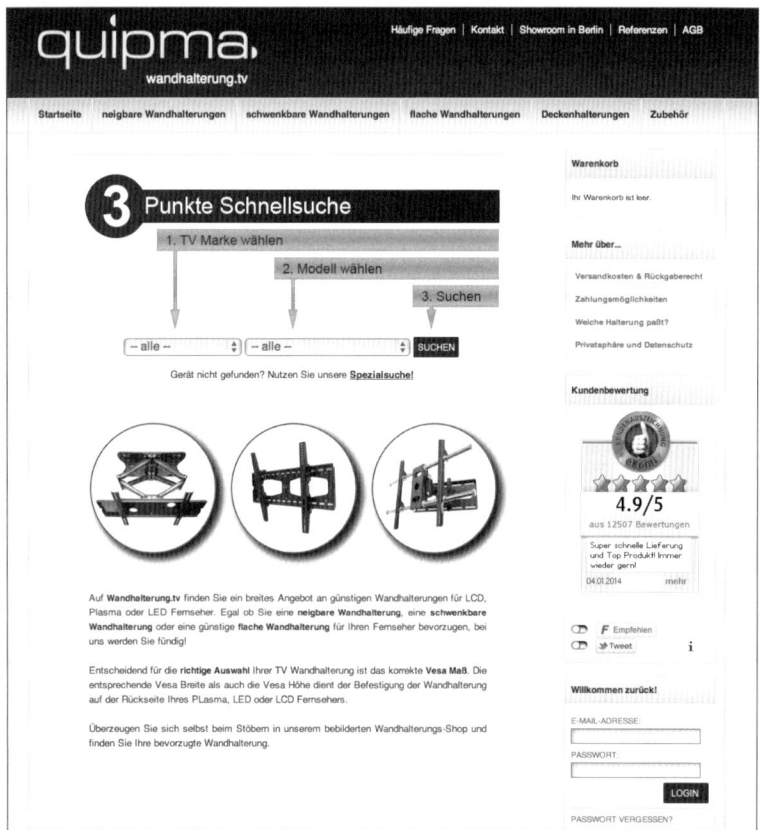

Bessere Dokumentation – klärt Erwartungen

Die zweite Stärke von wandhalterung.tv ist die großartige Dokumentation. In übersichtlichen Fotogalerien wird der Halter von allen Seiten so vor Augen geführt, dass jeder sich online schnell einen echten Eindruck verschaffen kann. Auch sonst weiß diese Seite mehr über Wandhalterungen, als ein einzelner Verkäufer jemals wissen kann.

Gute Logistik – gute Aufbauanleitung – spart Ärger

Thomas Fröhlich suchte nach einer Lösung, die Wandhalterungen schnell versenden zu können. Er weiß aus eigenem Erleben, wie ärgerlich es ist, wenn man einen neuen Fernseher hat, dieser aber unausgepackt auf dem Boden steht. Er fand in Berlin Falkensee einen Logistiker, der die komplette Lagerung und den Versand inklusive der Retouren übernimmt. Damit kann er sich auf die reine Vermarktung konzentrieren. Zu der gehört auch eine gute Montage-Anleitung, die jedem Wandhalter beigefügt wird.

Besserer Preis – neuer Name

Schon nach kurzer Zeit verkauft Thomas Fröhlich so viele Wandhalterungen, dass er auf den Gedanken kommt, einzelne Typen selbst herstellen zu lassen. Zu diesem Zeitpunkt lernen wir ihn kennen, da er für seine eigenen Produkte einen eigenen Namen braucht. Wir verkürzen das Wort Equipment für ihn auf den wortmarkenfähigen Namen *quipma*. Aus der Handelsagentur Fröhlich wird die quipma GmbH.

Ausweitung der Produktlinie

Als zweite Linie neben den TV-Wandhalterungen nimmt er Beamer-Deckenhalterungen auf, die er zum Teil unter dem neuen Namen quipma als Eigenmarke führt. Mit dieser Marke stattet er inzwischen nicht nur Privatpersonen, sondern ganze Hotelketten aus. Aus einer Wohnzimmeridee wurde ein Spezialanbieter, der mit Konzernen handelt.

▶ Ein Interview mit Thomas Fröhlich finden Sie auf Seite 168.

5 Modell starkes Bedürfnis

Je stärker andere Ihr Angebot brauchen oder sich wünschen, um so eher haben Sie Erfolg. Entdecken Sie also ein Thema, auf das andere stark reagieren, sollten Sie dort eher hinschauen als an anderer Stelle. Häufig geht es um eine Angst, ein Problem oder einen starken Verbesserungswunsch.

Nutzen für den Kunden: Das Sortiment beantwortet alle Fragen rund um ein starkes Bedürfnis. Thematische Kompetenz. Lösungsansatz.

Beispiel   Shop mit Krisenprodukten   www.krisenvorsorge.com

6 Modell Qualität / Schönheit / Geheimtipp

Bei diesem Modell haben Sie ein exklusives Sortiment mit ausgesuchten, hochwertigen Dingen. Dies kann eine sehr gute handwerkliche Qualität sein oder eine bestimmte Ästhetik. Es ist kombinierbar mit dem Long Tail Modell (dann spezialisieren Sie sich auf eine Art von Premiumobjekten).

Nutzen für den Kunden: Ausgefallenere oder schönere Dinge als in normalen Läden, bessere Qualität als normal.

Beispiele   Das Reissortiment Lotao   www.lotao.com
                HASENFARM, siehe S. 17   www.hasenfarm.com

7 Modell Package

Dieses Modell besteht aus dem Faktor Bequemlichkeit oder Zeitersparnis. Manchmal auch Geldersparnis. Sie bieten nicht ein einzelnes Produkt, sondern ein Set oder Package. Die Kombination ist dabei das Interessante. Die Meister der Package-Schnürer sind Reiseveranstalter. Wer bucht heute noch einen Flug alleine? All inclusive. Versuchen Sie dieses Modell für ein Sortiment zu denken. Was können Sie so kombinieren, dass es als Set ein Einzelprodukt schlägt?

Nutzen für den Kunden: Zeitersparnis. Er bekommt einfach und günstig etwas Passendes dazu. Die Zusammenstellung stimmt sofort, dazu eine schöne Verpackung, 3 bis 5 Dinge aus einer Hand.

An welcher Stelle lohnt sich ein Sortiment?

Mit einem Sortiment können Sie dann punkten, wenn Ihre Auswahl besser ist. Sie schaffen Zugang zu besseren Möglichkeiten oder sparen dem Kunden viel Suchzeit. Hier ein Beispiel, wie ein Zugang erweitert wird. Eine Idee, die Sie auch hätten haben können, weil sie eigentlich so einfach ist. Es geht um etwas, was Sie zu kennen glauben: Reis.

Das Gold der Völker

Wussten Sie, dass es 120.000 verschiedene Reissorten gibt? In Deutschland gibt es im Laden in der Regel 1 oder 2 Sorten. 2009 lernte Stefan Fak, 38 Jahre alt, in Vietnam die Schönheit der Reisfelder kennen, kam auf den Geschmack und lernte bald etwas, was viele in Deutschland nicht wissen: Reis ist nicht Reis. Dann die Idee:

Könnte man nicht die Reis-Vielfalt nach Deutschland bringen?

Er reist durch Asien und knüpft Kontakte zu Reisbauern. Zurück in Deutschland kostet er 100 Sorten und nimmt dann die besten 15 in sein Sortiment. Er lässt sich den Reis direkt aus Asien liefern - fair gehandelt - und in einer Behindertenwerkstatt in Berlin abfüllen. Die Verpackungen sind edle schwarze Hochglanzschachteln. Jede Sorte erhält einen eigenen Namen wie Wizard of Laos oder Royal Pearl Black.

Der Name seiner Firma = Lotao (das Gold der Völker).

Simplifizierung

Interessant ist, dass Stefan Fak nicht versuchte, 100.000 Sorten auf den deutschen Markt zu bringen. Er konzentrierte sich auf die 15 Bestseller.

Prototyping

Wie testete Stefan Fak seine Idee? Er lud jede Woche Freunde ein, kochte für sie und setzte ihnen Reis vor. Anschließend teilte er Fragebögen aus.

Wissensprodukte skalierbar platzieren

Der Bereich der Wissensprodukte wächst und wird in Zukunft eine immer größere Rolle spielen. Wir hatten das Vorrecht, für einen internationalen Marktführer den Namen eines neuen Produkts im Bereich E-Publishing zu entwickeln. Nicht erst seitdem sehen wir bei E-Publishing genau hin.

Für Experten aller Art ist Publishing ein gut erreichbarer Markt. Nicht von ungefähr legen wir auf diesen Bereich ein besonderes Augenmerk. In Ihrer Hand halten Sie ein Buch und damit ein Wissensprodukt.

Was ist der Trick an Wissensprodukten?

▶ Sie sind einfach zu vervielfältigen, da ein digitales Gut.

▶ Die Produktion von Büchern, E-Books, Videos und Onlinekursen ist inzwischen für jeden mit Hilfe eines Laptops professionell möglich.

▶ Auch Seminare sind skalierfähig (Zahl der Teilnehmer).

▶ Im Internet entstehen immer mehr neue Wissens-Märkte.

▶ Wissensprodukte sind geschützt, Autoren haben Urheberrecht.

▶ Experten sind schlecht kopierbar, da die Person die Marke ist.

Kurze Unterscheidung von Wissensprodukten und Belletristik

Unterscheiden Sie zwischen Belletristik und Wissensprodukten. Unter Belletristik fallen Romane und andere Produkte, die um des Genusses willen gelesen werden (Unterhaltung). Diese Produkte haben wir – vielleicht wird Sie dies zunächst wundern – im Bereich Event gelistet. Denn Sie erschaffen z.B. mit einem Roman ein persönliches Erlebnis. Dazu mehr in der Kategorie „Event-Produkte". Wissensprodukte bringen andere Menschen an einer konkreten Stelle fachlich weiter.

Verschiedene Modelle, Wissen skalierbar auf den Markt zu bringen:

Modell Spezialautor

8

Sich auf ein Fachthema zu spezialisieren und darin zu publizieren ist der einfachste Weg, Wissensprodukte zu schaffen. Unter Akademikern ist dies sogar Pflicht. Sie verdienen damit nur in der Regel kein Geld. Vermeiden Sie tausende von Aufsätzen, Artikel usw., für die Sie niemand bezahlt. Gründen Sie gleich einen eigenen kleinen Verlag und vermarkten Sie von Anfang an alle Ihre Publikationen gezielt selbst. Immer mehr Experten werden Self Publisher. *Förster & Kreuz* kündigten z.B. 2015 an, nicht mehr über Fremdverlage zu publizieren.

Thomas Kirschner schrieb 2001 ein Buch nur für deutsche Männer, die   **Beispiel** eine russische Frau heiraten wollen: *Liebe ohne Grenzen: Das Phänomen russischer Frauen im Internet.* Er besetzte das Thema „Wie heirate ich eine russische Frau" glaubwürdig, da er selbst mit einer Ukrainerin verheiratet ist. Im Buch erfahren Sie, wie man russische Frauen kennenlernt bis hin zu Behörden und kulturellen Unterschieden.

Modell Public Speaker / eigenes Programm

9

Wer individuell berät, kann nicht skalieren. Der Schritt eines Trainers hin zum Wissensprodukt ist die Entwicklung eines eigenen Programms mit eigenen Materialien. Im Modell Public Speaker wird dieses Programm „live" ausgeliefert. Sie führen live (public) durch Ihr Programm. Unterscheiden müssen Sie dabei zwischen zwei Konzepten:

A –   Das Stage-Konzept: Beginnt ab ca. 100 Personen im Raum.

B –   Das Seminar-Konzept: Kleinere Gruppen. Gesprächsatmosphäre.

Die Amerikaner lieben das Stage-Konzept und spielen mit der Stimmung großer Gruppen. Ein solches Happening ist ein Erlebnis, aber für Deutsche gewöhnungsbedürftig. Das Stage-Konzept promoten viele amerikanische Trainer (die häufig ihr eigenes Modell als Erfolgsmodell verkaufen...). Klassiker sind *Anthony Robbins* oder *Harv Eker.* Dieses Modell hat Potenzial, führt Sie aber auf die Bühne und braucht gefüllte Säle. Viele deutsche Berater, Coaches oder Trainer arbeiten eher mit Seminar-Reihen.

Das Vorgehen

- Ein eigenes Programm aufbauen und damit touren
- Die Seminare bauen in einem Kurs-System aufeinander auf
- Nutzen: Erlebnis und fachliche oder persönliche Weiterentwicklung
- In der Regel gibt es das Programm auch als Video- oder Audio-Kurs

Beispiele   **Amerikanisches Beispiel – Stage und Programm**
Anthony Robbins, klassischer NLP-Persönlichkeitstrainer.
www.anthonyrobbins.de

Deutsches Beispiel – Stage und Programm
Jörg Löhr, quasi die deutsche Variante der Amerikaner.
www.joerg-loehr.com

Deutsches Beispiel – Buch, Programm und Redner
Werner Tiki Küstenmacher mit seinem Programm *simplify your life*. Sein Buch war fünf Jahre lang auf der Spiegel-Bestseller-Liste. Inzwischen einige Millionen Exemplare in vielen Sprachen verkauft. www.simplify.de

Modell Online-Informationsprodukt / Membership-Portal

Eine in unseren Augen hochinteressante Form, sein Wissen im Internet zu vermarkten, ist das Membership-Portal. Sie nutzen dabei eine Membership-Software, bei der die Nutzer sich einloggen und die Einheiten Ihres Programms in eigener Regie durchgehen. Die Programm-Einheiten stehen in der Regel als Video-Clips zur Verfügung, ergänzt mit Download-Angeboten von Checklisten und weiterführenden Links. Die Bezahlmodelle sind unterschiedlich. Die monatliche Bezahlung (häufig auch Abo genannt) ist ein favorisiertes Modell der *Internet Marketer*. Sie können aber auch einen Kurs zu einem Festpreis anbieten. Das verbindende Element bei diesem Modell ist die Membership-Software, die für Sie automatisch die User verwaltet.

- Aufbau einer Website mit Intrazone
- Membership-System über das die Nutzer monatlich bezahlen
- Nutzen: Ich kann als Lernender sofort und wann ich will lernen

Modell Branchen Report

11

Dies ist eine Spezialvariante. Im Prinzip ist es die Kombination aus der Ein-Produkt-Idee mit einem Wissensprodukt: Sie erstellen monatlich oder in einer anderen Frequenz einen Report, der so hochwertig ist, dass andere dafür pro Ausgabe bezahlen. In der Regel ist dies ein Branchen-Report.

- Sie beobachten den Markt und fassen Informationen zusammen
- Sie übersetzen Informationen aus anderen Ländern
- Sie bieten diesen Report als kostenpflichtiges Abo an

Modell Social Media Blogger

12

Durch das Wachstum von Web 2.0 und Social Media Netzwerken wie Facebook ergeben sich ganz neue Geschäftsmöglichkeiten. Schon heute bauen sich viele Geschäftsleute ihre Kontaktnetzwerke nicht mehr auf Parties, sondern über Xing oder andere Netze auf. Dadurch entstehen neue „Netzidentitäten". Typisch dafür sind Blogger. Digitale Autoren, die eigene Blogs oder die Seiten anderer nutzen, um regelmäßig zu publizieren. Ab wann trägt sich dies auch finanziell? Eine hin und wieder genannte Faustformel: Ab 1.000 Besuchern pro Tag auf dem Blog.

- *Sascha Lobo*, Autor, Blogger und Berater. Hatte im Sep 2015 mehr als 300.000 Follower auf Twitter (saschalobo.com). **Beispiele**
- *Gary Vaynerchuk*, vom Weinhändler zur Onlinemarke. Siehe Seite 141

Expertenformate sind kombinierbar

Die fünf vorgestellten Modelle lassen sich kombinieren. Wir kennen mehr als einen Experten, der sowohl ein eigenes Seminar-Programm hat, Bücher schreibt, bloggt und eine Online-Membership-Zone anbietet. Der genetische Code dieser Geschäftsmodelle besteht aus drei Faktoren:

- Sie werden ein führender Experte zu einem Thema
- Sie beraten nicht individuell, sondern haben ein eigenes Programm
- Sie haben mehr als ein Produkt, darunter skalierfähige
- Sie bauen sich einen „Fankreis" auf

Service
Modelle

Einen gleichförmigen Service skalierbar aufstellen

Eine Dienstleistung ist eine Handlung, Beratung oder ein Service. Eine Agentur gestaltet z.b. für einen Kunden ein Corporate Design. Bei einem Reisebüro besteht die Leistung z.b. aus dem „Heraussuchen des besten Angebotes". Dienstleister sagen, dass es schwer ist, ihre Erfahrung und ihr Fingerspitzengefühl kopierbar zu machen. Spätestens bei den Reisebüros sollte aufgefallen sein, dass viele Vorgänge sehr wohl im Internet automatisiert wurden. Auch in vielen anderen Bereichen ist dies möglich. Im Folgenden sind Modelle skizziert, wie es Ihnen gelingen kann.

Orientierungsbedarf ins Internet auslagern

Bei so gut wie allen Services gibt es vor der eigentlichen individuellen Dienstleistung / Beratung eine Orientierungsphase. Der Interessent muss sich zunächst selbst in das Thema einarbeiten. Bestimmte Vorentscheidungen sind immer ähnlich. Ein erster Schritt kann sein, diesen Orientierungsprozess in das Internet zu verlagern. Integrieren Sie auf Ihrer Website einen einfachen Prozess, der schnell und einfach bei Vorentscheidungen hilft. Am Ende kann sich der Interessent z.B. ein einfaches Profil mit seinen Vorentscheidungen ausdrucken und mit diesem in die individuell vertiefende Beratung kommen.

Modell Schnittstelle

13

Einen solchen vorlaufenden Prozess zu optimieren und daraus eine eigene Schnittstelle zwischen dem Kunden und dem Auftrag zu entwickeln, ist dann der Sprung in die Teilautomatisierung.

- Spezialisierung auf einen Workflow plus Weboberfläche
- Aufträge kommen ab dann online herein
- Beispiel: Tischlerei mit Weboberfläche, um individuelle Aufträge einzugeben und Schnittstellen für CAD Programme = neuer Workflow
- Nutzen: Individualität, Zeitersparnis, keine Missverständnisse

Modell Pooling

14

Eine sehr erfolgreiche Sonderform des Modells Schnittstelle ist das soge-nannte Pooling. Sie untersuchen Ihre Aufträge, ob ein Typ immer wieder hereinkommt. Wenn diese Form eines Auftrages standardisiert werden kann, können Sie diese Aufträge „poolen". Also gesammelt bearbeiten. Wenn diese Bearbeitung dann auch noch im Computer automatisiert werden kann, stehen Sie eigentlich schon direkt vor einem *Smart Business Concept*. Die sogenannten Online-Druckereien sind durch die Bank weg „Pooler". Flyerwire.de startete 2001 als weltweit erstes Druckserviceportal mit integriertem Upload. Flyeralarm poolt so erfolgreich, dass sie 2011 täglich (!) 10.000 gleichförmige Aufträge auf Druckbögen verteilten. Pooler wachsen, Individual-Auftragsbearbeiter dagegen schwer.

• Gleichförmige Aufträge bündeln und damit Kosten reduzieren
• Kompetenz verdichten und in einer Anwendung performant sein
• Beispiel sind Online-Druckereiplattformen (flyeralarm.de, flyerwire.de)
• Nutzen: Unschlagbar gute Preise / unschlagbar performant

Modell Branchenlösung / Konsumfeldverschiebung / Übertragung

15

Sie adaptieren ein allgemein erfolgreiches Modell für eine spezielle Branche. Volker Winkler, ein Bekannter von uns, praktizierte dies erfolgreich mit Web-Fotobüchern. Während alle Fotobuch-Start-ups auf die breite Masse zielten (Familien), bot er eine spezielle Lösung nur für Bestatter. Bestatter können nach einer Trauerfeier den Angehörigen ein Fotobuch übergeben, in dem die Aufbahrung und auch die Kranzschleifen etc. fotografiert sind. Das Konzept bedurfte technisch keiner Neuentwicklung. Genutzt wurde die Technik eines „Normal-Anbieters".

• Generelles Produkt auf eine Branche spezialisieren
• Beispiel: memorius.de – Fotobücher für Bestatter
• Es wird nichts neu erfunden, nur das Anwendungsfeld verschoben
• Nutzen: Bessere Lösung für eine spezielle Nutzergruppe

▶ memorius.de siehe auch S. 122 (Diagramm) und S. 166 (Interview).   **Beispiel**

Beispiel memorius.de

Die Möglichkeiten von Volker Winkler

Volker Winkler nutzte seinen Marktzugang

> **Sein Marktzugang**
> Er kannte als Handelsvertreter für
> Bestatter-Ausstattung und Mitinhaber
> eines eigenen Bestattungsunternehmens
> an die 5.000 Bestatter in Deutschland.
> Direkter Zugang = Direktmarkt.

Sein Wunsch war es, ein Produkt anbieten
zu können, bei dem er nicht mehr persönlich
zu den Bestattern fahren und Ausstattungen
präsentieren musste. Von daher überlegte
er, was er einem Bestatter online anbieten
konnte. Und fand die Lösung in einer
„Nicht-Bestatter-Branche":

Service
Modell

2000 kamen die ersten Fotobücher auf den Markt.
Ab 2007 wurden sie populär. Print on Demand
Anbieter boten den Service, die eigenen digitalen
Familienfotos in schönen Hardcover-Bildbüchern
als Einzelstück auszudrucken.
Die gesamte Fotobuch-Branche zielte dabei auf Familien.
Volker Winkler sah 2009 die Möglichkeiten für eine Branche,
an die bis dahin niemand dachte: Die Bestatter.
Ihm gelang mit seinem Service memorius.de eine sogenannte
Übertragung: Ein Produkt / Modell wird an einer Stelle einge-
setzt, für das es ursprünglich nicht vorgesehen war.

RECHERCHIEREN

Wer könnte die Technik stellen?

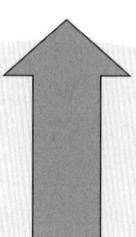

BESTATTER

FOTOBUCH

Schaffung eines skalierfähigen
Fotobuch-Services für Bestatter,
um mit der Hilfe von Fotobüche
Trauernden eine Erinnerung zu
geben = B2B Service.

Gespräche mit *CeWe Color*, einem führenden Anbieter für Print on Demand Fotobooks führten zum Angebot, für ihn eine Software bereitzustellen, über die ausschließlich Bestatter angesprochen werden. Damit musste er wenig investieren. Die Technik stellten andere. Volker Winkler gehört die Marke, er muss nichts selbst programmieren.

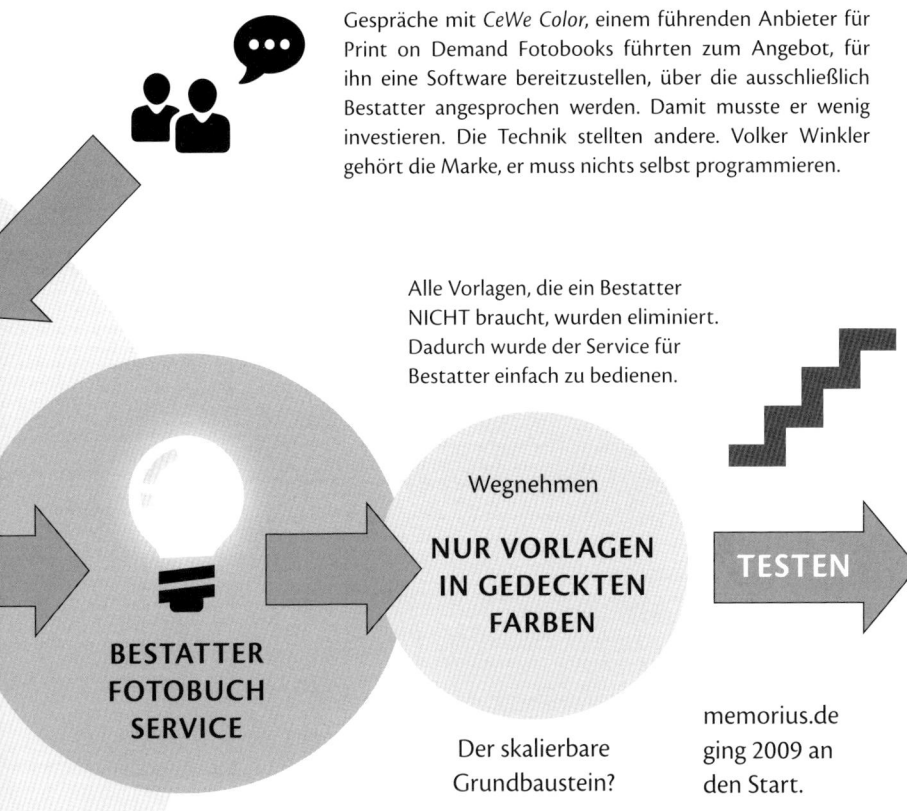

Alle Vorlagen, die ein Bestatter NICHT braucht, wurden eliminiert. Dadurch wurde der Service für Bestatter einfach zu bedienen.

Wegnehmen

NUR VORLAGEN IN GEDECKTEN FARBEN

TESTEN

BESTATTER FOTOBUCH SERVICE

Der skalierbare Grundbaustein?

memorius.de ging 2009 an den Start.

Volker Winkler bietet den Service einer optimierten Konfigurationssoftware.

Der Bestatter fotografiert den aufgebahrten Sarg inklusive des Sargschmuckes für die Hinterbliebenen kurz bevor die Trauergäste eintreffen. Etwa eine Woche nach der Trauerfeier übergibt der Bestatter den Angehörigen ihr Fotobuch als Erinnerung an die Trauerfeier. Der Bestatter verschenkt das Buch. Es ist auf der Seite des Bestatters ein kostenloser Service. Volker Winkler verdient pro bestelltem Buch.

▶ Siehe auch Interview Seite 166

Ein skalierbares Erlebnis auf den Markt bringen

Was würden Sie tun, wenn Sie drei Stunden freie Zeit hätten?
Die Sie nur für sich nutzen können. Womit würden Sie sich beschäftigen?
Was würden Sie gerne erleben? Wie würden Sie gerne faul sein?

Wenn Sie für andere eine gute Atmosphäre, Spannung oder Entspannung
erzeugen können, haben Sie hohes Potenzial. Bleibt die Frage, wie Sie daraus ein *Smart Business Concept* ableiten.

Was ist der Trick an den Erlebnisprodukten?

▶ Sie zu erstellen macht häufig selbst viel Spaß

▶ Sie dürfen „zwecklos" sein. Also rein auf den Augenblick fokussiert

▶ Treffen Sie den Geschmack, bauen Sie sich Stammkunden auf

▶ Bereichern Sie die Welt um gute Geschichten und magische Orte

Modell Entertainment

16

In diese Schublade fällt das älteste bekannte *Smart Business Concept*: Der
Autor. Als Autor schreiben Sie ein Buch und fesseln damit Ihre Leser. Es
ist eine Geschichte, die uns in eine andere Welt entführt. Spätestens seit
dem Erfolg von *Joanne K. Rowlings* Roman *Harry Potter* ist dieses Modell
wieder taufrisch. Jeder „Künstler", der es schafft, ein Publikum zu fesseln
(oder zu entspannen), sollte sich überlegen, wie er seine Fähigkeit in ein
vervielfältigbares Produkt wandeln kann. Möglichkeiten dazu sind:

- **Das gute alte Buch.**
  Immer noch möglich, auch wenn der Markt stark umkämpft ist.
- Die modernere Variante: **Das E-Book.**
  Die meisten verkauften E-Books weltweit sind bisher Belletristik.
  Der Independent-Markt wird weltweit gigantisch groß werden.
  2011-2012 kamen die E-Books in der Massenakzeptanz an.

- *Alle anderen Formen von Unterhaltungsprodukten* = ein spannendes, lustiges oder unterhaltendes Angebot als digitale Datei. Hörbücher, kleine Videos und nicht zuletzt der große Markt der Computerspiele.
- Spiele, Film, Musik, gesprochenes Wort, gelesenes Wort.

Wollen Sie mit Unterhaltung Geld verdienen, müssen Sie stärker als andere über Ihren Markt nachdenken, weil Sie sich in einem Segment bewegen, in denen viele Geld verdienen wollen. Denken Sie von daher von vornherein in Marktplätzen: Wo können Sie Ihr Produkt Nutzern anbieten, die auch bereit sind dafür zu zahlen? Als Independent Selbstverleger müssen Sie damit in Zukunft auch in den Bereich des E-Publishing.

Denken Sie generell stärker vom Markt her. Der Fehler vieler Künstler ist, dass sie in den Kategorien der Selbstverwirklichung leben. Also Unikate schaffen, die etwas tief Verschlüsseltes zum Ausdruck bringen. Denken Sie anders: *Schaffen Sie für andere ein gutes Erlebnis.* Und schaffen Sie Serien. Serien helfen zu hohen Auflagen. Bleiben Sie also Ihrem Musikstil treu. Bleiben Sie Ihrer Roman-Hauptfigur treu. Schreiben Sie lieber eine Detektiv-Serie als den Schicksalsroman, an dessen Ende alle tot sind.

- Beispiele sind alle Selbstverleger / Independent Künstler.
- *Jeff Smith* zeichnete im Bereich des Independent-Comics die Kultserie **Beispiel** *Bone* (by the way: Unsere Lieblingsserie). Er schuf als unabhängiger Zeichner mit seinem eigenen Verlag ab 1991 eine der stärksten Comicserien der letzten Jahre. Um alleine eine Serie mit 20 Bänden durchhalten zu können, verzichtete er auf Farbe. Bone wurde einer der wenigen erfolgreichen schwarz-weiß Comics der Neuzeit. Als Jeff Smith erfolgreich war, schaffte er dann auch den Sprung in die Verlagswelt. 2005 wurde *Scholastics* auf ihn aufmerksam (der Verlag, der in den USA u.a. Harry Potter verlegt) und brachte eine nachträglich colorierte Ausgabe als Grafiknovelle heraus. In Deutschland wurde er von *Carlsen* verlegt.

www.boneville.com

17 **Modell Ereignis**

Theater, Kinos, Tanzlokale, Weihnachtsmärkte – all dies sind standardisierte Erlebnisse. Sie haben einen Ort und einen Termin. Man kann sich auf sie freuen und sie besuchen oder buchen. Das Problem daran: Viele dieser Modelle tragen sich nicht. Ein Theater zu gründen ist z.B. nicht schlau und wird sich nicht rechnen. Denken Sie anders:

- Wie können Sie ein Event ohne feste Infrastruktur schaffen?
- Wie können Sie die Location anderer nutzen?
- Wie können Sie ein Ereignis schaffen, das es vorher noch nicht gab?

Beispiel **70.000 Tons of Metal**

2006 saß der Konzertveranstalter *Andy Piller* mit einigen Freunden und einigen Flaschen Bier auf dem Balkon seiner Wohnung in Vancouver mit Blick auf das Kreuzfahrer-Terminal. In Feierabendlaune frage er: „Wäre es nicht cool, eins der Schiffe zu chartern und darauf ein Heavy-Metal-Festival durchzuziehen?" 2011 lief der Luxusliner *Majesty of the Seas* restlos ausverkauft von Florida zum „größten schwimmenden Heavy-Metal-Festival der Welt" aus. An Bord waren 42 Heavy Metal Bands und über 2.000 Metal-Fans. Die teuersten Kabinen lagen bei 3.333 $. Die Idee war von Anfang an ein Erfolg. Über die erste Heavy-Metal-Kreuzfahrt berichteten viele Medien. 2012 folgte die zweite Fahrt, wieder restlos ausverkauft, weitere werden folgen. Andy Pillers Firma heißt *Ultimate Music Cruises* www.umcruises.com. Informationen zum Festival: www.70000tons.com

Fortentwicklung und Steigerung des Konzeptes

70.000 Tons of Metal ist ein gutes Beispiel, wie ein *Smart Business Concept* fortentwickelt wird: Das Konzept wird jährlich wiederholt. Es braucht keine eigene Infrastruktur (genutzt wird der Cruiser). Es ist skalierbar: Mit *Barge to Hell* startete Andy Piller 2012 parallel „die härteste Kreuzfahrt der Welt" (the world´s most extreme metal cruise). Er war nicht der erste mit der Idee „Musik + Schiff", setzte seine Idee für einen Musikstil aber extrem konsequent um. Die Musik mag nicht jedermanns Geschmack sein, das Konzept ist aber genial und trägt eine smarte Genetik.

Modell Magischer Ort

18

Wie können Sie ein magisches Erlebnis automatisieren? Dies schaffen Sie nur, wenn Sie selbst bei dem Erlebnis nicht anwesend sein müssen. Reiseführer zu werden, ist nicht das Programm „Unabhängigkeit".

Der einfachste Weg ist, über magische Orte zu berichten. Das tun Reiseblogger wie Sebastian Canaves von *Off the Path* oder der Abenteuer-Experte Norman Bücher mit *atacama*, indem er Extremsportlern Ziele für das persönliche Adventure vorstellt.[1]

Ein zweiter Weg ist es, einen magisch schönen Ort selbst zu schaffen, den andere buchen können. Unverwechselbare, magisch schöne Orte sind selten. Bekannte von uns haben sich in Italien (Ligurien) ein Ferienhaus in bester Lage inmitten hügeliger Olivenhaine gebaut. Zum einen nutzen sie dieses Haus selbst. Den Rest verbuchen sie es online und refinanzieren es damit. Denken Sie dies weiter: Wie können Sie über magische Orte automatisiert Geld verdienen?

Lassen Sie sich inspirieren von Angeboten wie *Sunny Office* von Katja Andes oder *hackerparadise.org* von Casey Rosengren. Diese Konzepte richten sich an Entrepreneure bzw. an Developer. Was wäre magisch für Ihre Zielgruppe? Bauen Sie erst eine magische Insel, dann eine zweite. Irgendwann haben Sie eine Kette magischer Orte, die anderen eine tolle Zeit und Ihnen einen guten Verdienst bringen. Wenn Sie diese Orte dann noch online buchbar machen, steht Ihr *Smart Business Concept*.

Magische Orte sind nichts für Anfänger. Sie betreiben einen Standort und das ist nicht immer smart. Wer daran denkt, im Ausland selbst Immobilien zu erwerben, muss Fachwissen mitbringen. Auch über Kooperationspartner zu arbeiten, braucht Standfestigkeit. Das Modell „Magischer Ort" ist aber klasse, weil es Lebensqualität für sich selbst mit Lebensqualität für andere verknüpft. Tipp: Denken Sie beim magischen Ort nicht nur an „Reise". Auch ein Kino kann ein magischer Ort sein. Oder ein Pop-up Café, Pop-up Store oder vielleicht nur ein schöner Garten ...

1 = Wer nur über Orte berichtet, ist eigentlich eine Form von Experte. Sowohl Sebastian Canaves als auch Norman Bücher bieten aber auch Reisen und Services rund um Reisen. Von daher Mischtypen.

Halten Sie es einfach!

Haben Sie Ihre Idee?

Dann gilt es, ruhig Blut zu bewahren. Auf einmal purzeln die Gedanken, Sie sehen hunderte von Möglichkeiten und würden am liebsten sofort alles auf einmal. Vorsicht. Das ist die Phase „Sie-haben-zu-viel-Energie-und-sind-in-Gefahr-sich-zu-viel-auf-den-Teller-zu-legen".

Um mehr Unabhängigkeit in Ihr Leben zu bekommen, müssen Sie Ihre Geschäftsidee einfach halten. Gerade auch zu Beginn Ihrer Idee. Nur so können Sie bei einem späteren Wachstum vermeiden, dass Ihre persönliche Arbeit im gleichen Umfang wächst und Sie sich am Ende wieder in einem Hamsterrad befinden. Ideen bergen immer die Gefahr, zu viel in sie hineinzulegen.

Die Mutter aller Versuchungen

Wir kennen diese Versuchung nur zu genau. Weil man Sorge hat, nicht genug anzubieten, stellt man neben das Kernangebot weitere Services, verspricht Dinge, die nicht wesentlich sind, an die sich die Kunden aber erinnern. Im schlimmsten Falle müssen Sie dann für einen einzigen Kunden, der die Sondervariante XY43 haben möchte, eine ganze Produktionslinie öffnen oder das eigentlich freie Wochenende am Telefon bleiben usw.

Das ist nicht smart.

Denken Sie Ihr Business wie eine Lawine von Ereignissen. Ihr Ausgangspunkt bestimmt, mit wie vielen Folgeaufgaben Sie später zeitgleich umgehen müssen. Reduzieren Sie Komplexität an allen möglichen Stellen. Steuern Sie die Ereignisse, in dem Sie zu Beginn nur zwei bis drei Angebote schaffen und die Spielregeln festlegen, wie diese zum Kunden kommen.

- Bleiben Sie von Anfang an fokussiert
- Schaffen Sie wenige Angebote mit möglichst wenig Varianten
- Etablieren Sie Standards und Spielregeln
- Liefern Sie möglichst automatisiert aus

Klare, einfache Struktur, geordnetes Wachstum

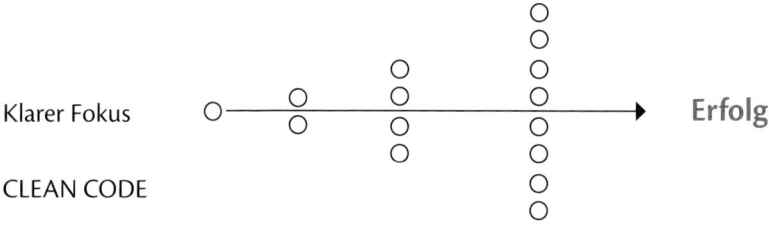

Klarer Fokus

CLEAN CODE

Erfolg

Zu hohe Komplexität

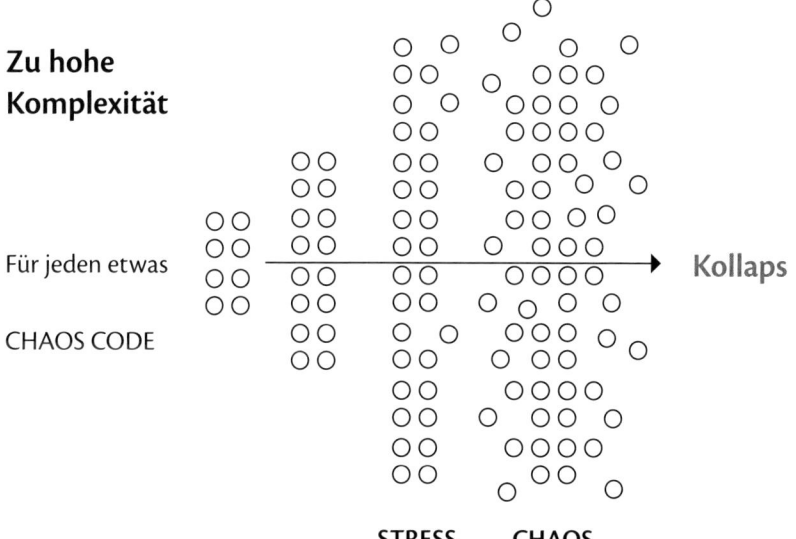

Für jeden etwas

CHAOS CODE

Kollaps

STRESS   CHAOS

Wenn man nicht erfolgreich ist, werden die Kollektionen immer größer, weil man nicht sicher ist, was sich gut verkauft.

Bruno Sälzer, Geschäftsführer von ESCADA als einen der Gründe für die Insolvenz 2009. Sein Sanierungskonzept = Halbierung der Kollektion.

Reduziert bis auf die ecence – ein Servicemodell

Thomas Bröker las unser Buch 2013 und wandte Smart Business Concepts an, um seine Geschäftsidee zu definieren. Der studierte Film & Fernsehen-Studiotechniker arbeitete drei Jahre in Berlin als Kameramann bei einem öffentlich-rechtlichen Sender. Das alte Denken dort: Fernsehproduktionen mit Sendewagen und vielen Metern verlegten Kabeln. Er wollte direkter mit Menschen und unabhängiger arbeiten.

Radikale Reduktion der Prozesskette + Mund zu Mund Empfehlung

Er stellte sich die Frage:

> *Wie kann ich professionelle Filme mit so wenig*
> *Aufwand wie möglich produzieren?*

Heraus kam seine Filmprodukionsfirma *ecences media*. Sein erstes standardisiertes Produkt im Sinne eines *productized services* wurden **Elevator Pitch Videos**. Gedreht wird mit einer einzigen Kamera, sehr hoher Bildqualität, aber minimaler Zusatztechnik. Nach kurzer Zeit war das Interesse von Kunden so groß, dass er keine Werbung für sich zu machen brauchte. Ein Beispiel, dass nicht alles online sein muss.

www.ecences.de

Huhn oder Ei ? – besser als VW sein

Starten Sie beim Geschäftsprozess oder beim Produkt?

Wenn Sie nach Ihrer Idee suchen, müssen Sie irgendwo starten. Sie können entweder von hinten nach vorne oder von vorne nach hinten arbeiten. Entweder haben Sie einen Prozess klar vor Augen und suchen dann nach dem Produkt, das „über die Gleise läuft" oder umgekehrt: Sie haben ein Produkt und bauen für dieses den optimalen Prozess. So oder so: Sie brauchen beides, Prozess und Produkt. Haben Sie als Ziel eine genaue Preisregion, in der Sie landen wollen, betreiben Sie *Cost Targeting*. Ihre Leitfrage lautet dann: *Wie kann x zum Preis y angeboten werden?*

StreetScooter startete beim Ei

Der *StreetScooter* ist ein E-Mobil, das in Deutschland entwickelt wurde und nur halb so teuer ist, wie alle anderen auf dem Markt befindlichen E-Autos. Interessant dabei: Der StreetScooter wurde nicht von *VW*, *BMW*, *Mercedes* oder einer anderen deutschen Automobilfirma entwickelt. Denn diese konnten anscheinend keine günstigen E-Autos denken ...

Prof. Günther Schuh von der *RWTH Aachen* stellte sich die Frage, warum es noch keine E-Autos auf Deutschlands Straßen gibt und kam zu dem Schluss: *„Wir brauchen ein preisgünstiges E-Fahrzeug. Denn die Menschen sind nicht bereit, für E-Mobilität mehr zu bezahlen, als sie es für herkömmliche Fahrzeuge gewohnt sind."* Da die großen Autofirmen kein günstiges E-Auto planten, gründete die RWTH 2010 ein Konsortium. *Prof. Achim Kampker* holte als Geschäftsführer der neu gegründeten Firma alle an Bord, die „einfaches, günstiges E-Auto" denken wollten. Es wurde ein Preis festgelegt, der im Verkauf nicht überschritten werden durfte. Ab dann nahmen 80 Zulieferfirmen jedes Teil des Autos unter die Lupe und warfen Dinge über Bord, die der normale Autoingenieur für unverzichtbar hielt. Entwickelt wurde in dezentralen Lead Engineering Groups in virtuellen Lösungsräumen.

www.streetscooter.eu

Das Projekt ist so erfolgreich, dass die *Deutsche Post Group* 2014 *StreetScooter* kaufte. Wer wird in Zukunft saubere Autos bauen? *Google, Apple, die Post ...*

*Sie leben für Ihr Geschäft und seinen Erfolg und
konzentrieren sich voll darauf. Ihr Team ist eingespielt
und an Bord oder steht in den Startlöchern.*

Ausschnitt aus der Beschreibung, wen der Investor M10 sucht

*Es wird immer gesagt, optimalerweise besteht ein Start-up aus
3 Personen. Aber was ist, wenn man – wie ich – allein ist und
trotzdem seine Geschäftsgründung erfolgreich vorantreiben will?*

Teilnehmer der XING Gruppe Solopreneur

Die Kraft des Internets nutzen

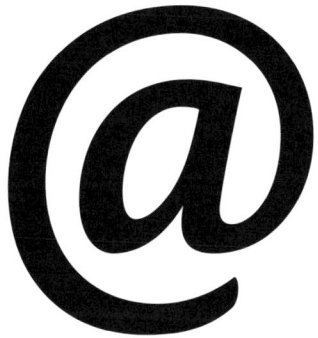

Virtuelle Firmen und Maschinen aufbauen

In diesem Schritt geht es darum, wie Sie die Kraft des Internets nutzen und Ihre Prozesse am besten ins Netz kommen. Wenn Sie sich richtig aufstellen, wird das Internet Ihr stärkster Verbündeter auf der Reise in Richtung weniger Arbeit und mehr Unabhängigkeit.

Warum das Internet so wichtig ist

Die Zeit ist reif

Unsere Beziehung zum Web begann, als ein Bekannter uns von einem seltsamen Portal Namens *eBay* in den USA erzählte. Wir spürten: Da kommt etwas auf uns zu, das alles verändert. Als wir dann 1999 Hals über Kopf in die Hamburger New Economy sprangen, war das Internet noch frisch und unbekannt - ein wenig Wild West. Vieles wurde programmiert, ohne über das Geschäftsmodell nachzudenken. Wir investierten, um herauszubekommen, was im Internet funktioniert, und schluckten dabei eine Menge Wasser. Sie haben es einfacher: Heute sind die Konturen im Netz klarer und geben Ihnen Steilvorlagen, einfach und smart zu sein.

Jedes Business ist in Zukunft in irgendeiner Form online

- Das Internet betrifft jedes Business
- Es ist eine der Schlüsseltechnologien der 3. industriellen Revolution
- Es schafft Tausende von neuen Ansatzpunkten für Geschäftsmodelle
- Es wird an Bedeutung weiter zunehmen und wachsen
- Es ersetzt nicht das „normale" Leben, aber es verändert es
- Es erhöht die Automatisierbarkeit vieler Tätigkeiten

Kurzer Blick über den Tellerrand

Uns gefällt die These von *Jeremy Riffkin*, der das Internet in einen größeren Zusammenhang stellt. Er spricht von der *Dritten industriellen Revolution*. Der Wandel in unserer Welt wird laut Jeremy Riffkin durch den Umbruch in den Netzen vorangetrieben. Zuerst wurden die Telefonnetze intelligent (= Internet). In der nächsten Welle werden die Stromnetze intelligent (= smart grid). Kombiniert ist dies mit einem Bewusstseinswandel. Jeremy Riffkin geht davon aus, dass die Wende hin zu den erneuerbaren Energien bis 2050 vollzogen wird. Wir hoffen dies.

> *Gehen Sie davon aus, dass der Umbau der Netze weitergeht und es viele neue, spannende Kombinationen geben wird.*

Wissen durch Leitungen auf Bildschirme

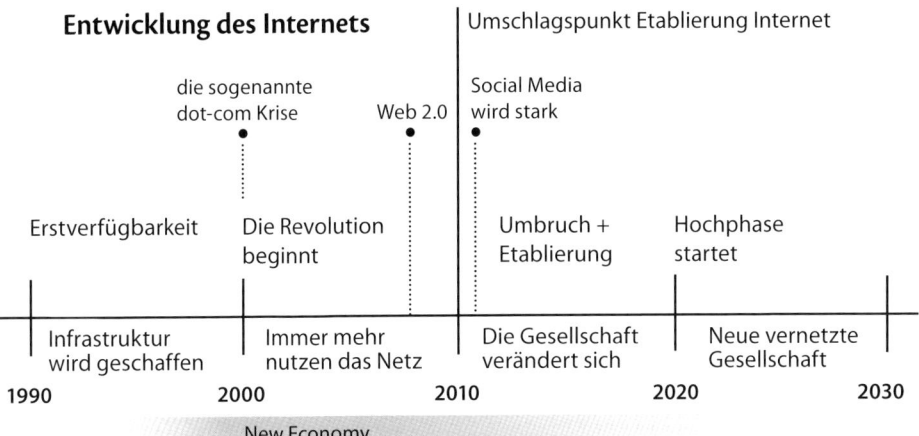

Entwicklung des Internets

Umschlagspunkt Etablierung Internet

die sogenannte
dot-com Krise   Web 2.0

Social Media
wird stark

Erstverfügbarkeit   Die Revolution
beginnt

Umbruch +
Etablierung

Hochphase
startet

Infrastruktur
wird geschaffen

Immer mehr
nutzen das Netz

Die Gesellschaft
verändert sich

Neue vernetzte
Gesellschaft

1990   2000   2010   2020   2030

New Economy

2007 iPhone = Durchbruch der Apps

2010 iPad = Durchbruch der Tablets

2011 E-Books werden stärker

immer mehr Komponenten

E-Knowledge

Strom wird intelligent und steuert Prozesse

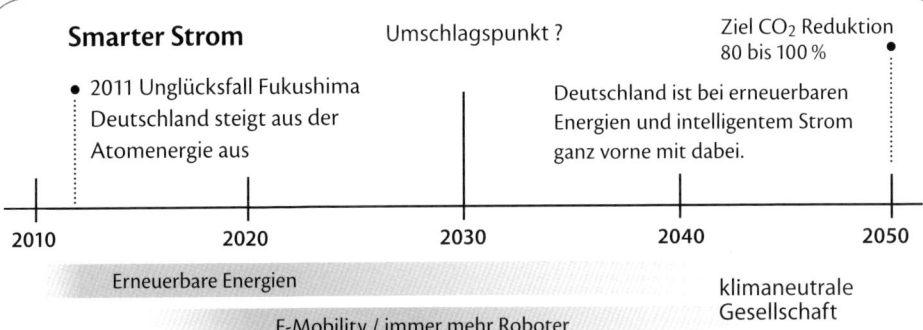

Smarter Strom

Umschlagspunkt ?

Ziel CO_2 Reduktion
80 bis 100 %

- 2011 Unglücksfall Fukushima
  Deutschland steigt aus der
  Atomenergie aus

Deutschland ist bei erneuerbaren
Energien und intelligentem Strom
ganz vorne mit dabei.

2010   2020   2030   2040   2050

Erneuerbare Energien

klimaneutrale
Gesellschaft

E-Mobility / immer mehr Roboter

Smart Grids (intelligente Netze)

Prozesse gesteuert über Stromnetze

Wie arbeiten Sie im Internet?

Das Internet ist Ihr stärkster Verbündeter in punkto Unabhängigkeit. Gerade hier gilt aber der Grundsatz der einfachen Umsetzung: Stellen Sie die Kreisläufe so auf, dass Sie selbst sie bedienen können. Starten Sie lieber wenige Dinge richtig, als viele Dinge halb. Gleich zu Beginn stehen Sie vor zwei fundamentalen Weichenstellungen:

- Programmieren Sie selbst und erstellen eigenen Code oder nutzen Sie Komponenten ohne eigenen Code?
- Starten Sie mit einem Team mit verteilten Aufgaben oder gehen Sie solo ans Werk mit Freischaffenden?

Selbst coden – Ja oder Nein?

Unser Rat – Bauen Sie Prozesse, keine Software

Wir machen Mut, einfach zu bleiben, alleine zu starten und die Tools anderer zu nutzen. Wie Sie das tun, hängt natürlich von Ihrer Person ab:

Sie sind kein Developer

Dann ist der absolut dringende Rat: Nutzen Sie das Internet als *Profianwender*, bauen Sie eigene Internetseiten, vernetzen diese und nutzen in einer professionellen Weise die Software und Websites anderer. Dabei bringen Sie auf Ihren Seiten *automatisierte Prozesse* zum Laufen.

Sie sind Developer

Nutzen Sie Ihr Know How dazu, bestehende Tools optimal einzusetzen. Werden Sie *Devpreneur*: Sie können sich an komplexe Technik heranwagen, vielleicht sogar eine kleine Applikation programmieren. Halten Sie es trotzdem einfach. Nicht Ihr Code gewinnt die Schlacht, sondern Ihr WOW!-Angebot. Überschätzen Sie sich nicht: So bald Sie komplexen Code erzeugen, werden Sie früher oder später nicht mehr alleine coden können. Sie wollen ja auch noch Ihr Business aufbauen. Schon rutschen Sie ungewollt in eine Start-up Situation.

Fazit: Code zu kennen ist gut. Coden Sie aber möglichst nicht selbst.

Zur Zeit werden an allen Stellen Teams gefördert. *Design Thinking, Startup Weekends, Camps* und *Coworking Spaces* – überall werden Teams zusammengebracht. **Die These**: Teams sind innovativer. Wir sagen nichts gegen Teams. Es ist aber falsch zu sagen, dass ein Team immer der richtige Weg ist. Wir raten dazu, ein Smart Business Concept alleine zu beginnen.

- Solo können Sie alles selbst entscheiden.
- In einem Team stehen persönliche Ziele hinten an.
- Ein gutes Team zieht Sie nach oben, ein mittelmäßiges nach unten.
- Ein Team braucht zum Start mehr Geld. Glauben Sie uns.
- Bootstrappen ist alleine einfacher. Es stellt sich hinterher nicht die Frage, wer wie viel umsonst eingebracht und was er dafür bekommt.
- Sie erwerben vollständiges Eigentum an Ihrer Idee. Im Team nicht.
- Alleine sind Sie meist schneller an Ihrem persönlichen Ziel.

VORSICHT FALLE   Programmieren Sie keine Software

Seit der New Economy besteht auch in Deutschland eine Start-up-Kultur, bei der technikbasierte Neugründungen nach einem festen Schema hochgezogen werden. Diese Start-ups setzen auf komplexe Business-Ideen und sind in der Regel gezwungen, die gesamte Applikation selbst zu programmieren. Die Folge: Es muss mit hohen Summen in Programmierung investiert werden. Nach wie vor ist es selten, dass solche Start-ups ihre hohen Investitionen wieder einspielen. Auch zwingt Sie die Eigenprogrammierung, ständig am Ball zu bleiben. Sie müssen weiterprogrammieren und können Ihre Plattform nicht alleine lassen. Wollen Sie wirklich die nächsten Jahre debuggen und einem Release nach dem anderen hinterherjagen?

Faustformel

Wenn Sie selbst Programmierer sind und genau wissen, was Sie tun, können Sie an eine Software denken. Sonst nicht.

Start-up oder Smart Business Concept

Hier kurz die Unterscheidung, wie wir sie sehen:

Mitarbeiter	Geschäfts-Typ	Struktur
1.000	KONZERNE	komplex / international
250	MITTELGROSSE FIRMEN	komplex / 1 Branche
START-UP 10 - 50	INTERNET FIRMEN	komplex / Prozesse
SMART-UP 1 - 2	SMART BUSINESS CONCEPTS	1 Prozess
1 - 50	SELBSTSTÄNDIGE / FREISCHAFFENDE	Projekte
1 - 50	GEWERBE / DIENSTLEISTER	Aufträge

Internet Start-up

- Mehrere Gesellschafter
- Ziel hohe Skalierung
- Entwicklung eigener Code
- Fester Chefentwickler
- Festes Team (Angestellte)
- Fremdkapital
- Exit-Strategie (Verkauf oder IPO)
- Haben Lobby, sind anerkannt

Smart Business Concept

- 1 Inhaber (Solopreneur)
- Unabhängigkeit vor Wachstum
- Verwendung von Komponenten
- Anwendungs-Programmierung
- Netzwerk und Auslagerungen
- Eigenkapital / Bootstrapping
- Exit nicht zwingend
- Haben keine Lobby

Smart Business Concept und Lean Startup

Ein *Lean Startup* gleicht zu Beginn einem Smart Business Concept. Es wird zum Start ein möglichst einfaches Produkt (*minimum viable product*) geschaffen und getestet. Die meisten Lean Startups wollen aber so schnell wie möglich größer werden. Die minimale Start-Aufstellung ist dort nur ein Zwischenstadium. Das ist bei einem Smart Business Concept nicht so. *Merksatz:* Fast jedes Smart Business Concept ist ein Lean Startup, aber nicht jeder Lean Startup ist ein Smart Business Concept.

Ihre Aufgabe

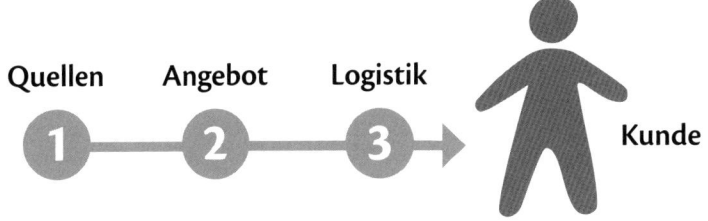

Quellen   Angebot   Logistik   Kunde

Ihre Aufgabe ist simpel:

Wie bekommen Sie Ihr Angebot mit möglichst wenig eigener Programmier-Arbeit ins Internet?

Prozesse automatisieren

Auf dem Weg zu Ihrer Unabhängigkeit ist ein entscheidender Schritt, so viele Ihrer Prozesse wie möglich im Internet zu automatisieren. Stellen Sie sich die Frage: Wie verändern Sie Ihr Angebot so, dass es über ein Online-Formular gebucht werden kann?

- Anwendungen im Internet sind im hohen Maße automatisierbar.
- Das Internet schafft eine neue Mobilität, da Sie von jedem Ort der Welt mit Ihrem Rechner im Geschehen sein können.
- Die „Schnittstelle" Internet nimmt Ihnen händische Arbeit ab.

Alles digital oder was?

Muss ein Smart Business Concept zwingend rein digital sein? Nein. Nehmen wir einen Maker: Er stellt ein Produkt im eigenen Handwerk her, lagert dann Kleinserien auf Produzenten aus, lässt diese an einem Ort lagern und hat einen Logistiker, der die Produkte ausfährt. All dies ist zunächst nicht digital. Wenn Sie smart sind, bauen Sie aber die gesamte Steuerung und das Marketing im Internet auf. Am besten so, dass die gesamte Kette auch funktioniert, wenn Sie im Urlaub sind.

Die Kraft des Internets nutzen

Das Internet verdrängt nicht jedes Gewerbe. Aber es verändert fast alle Bestehenden. Ein Immobilien-Makler sagte uns kürzlich: „Früher war es als Makler wichtig, Schaufenster in der City zu haben. Heute kommen so gut wie alle Kontaktanfragen über die großen Immobilien-Portale."

Im Kleinen wie im Großen bewegt sich alles in Richtung E-Commerce. Gerade, wenn Sie Ihre Idee später bundesweit oder international skalieren wollen, ist das Web zwingend. Was heißt dies aber?

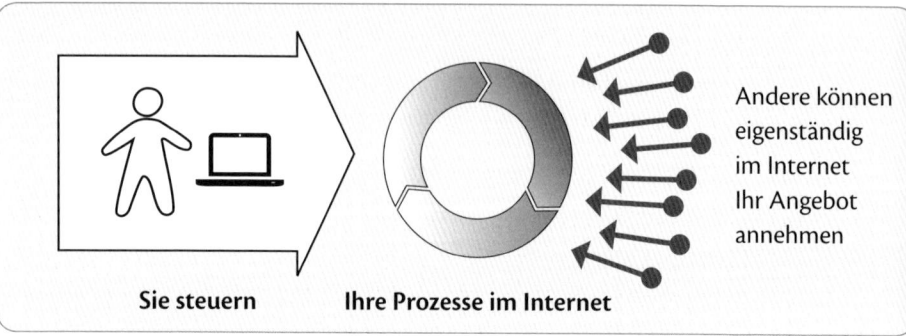

Sie steuern   Ihre Prozesse im Internet   Andere können eigenständig im Internet Ihr Angebot annehmen

Erstkontakt und Auftragsabwicklung erfolgt über ein Webinterface

Um zu automatisieren, müssen Sie Ihre Auftragsannahme standardisieren. Ihr Angebot muss also gleichförmig werden. Hier werden Sie vielleicht sagen, dass dies nicht geht. Seien Sie nicht denkfaul. Online-Druckereien wie *flyerwire* haben bewiesen, dass bei ganz klassischen handwerklichen Dienstleistungen die Annahme der Aufträge komplett ins Netz verlagert werden kann. Mit enormen Kostenersparnissen und der Möglichkeit, clever zu poolen. Es geht.

Der Grad, wie viel Sie ins Netz verlagern, hängt von Ihrer Idee und Person ab. Wer sind Sie? Was bieten Sie an? Was ist dafür im Web der beste Weg? Um zu zeigen, dass dies immer eine eigene Story ist, lesen Sie rechts das Beispiel von Gary Vaynerchuk.

I´m an Entrepreneur first

Wie aus einem Weinhändler eine „Social Media Experten Brand" wurde

Die Geschichte von *Gary Vaynerchuk* oder kurz *Gary V.* steht stellvertretend für neue Wege in der Kommunikation, die mit Video-Blogs und Social Media für jeden im Business offen stehen. Das Motto von Gary Vaynerchuk: „Liebe Deine Familie, arbeite hart, lebe Deine Leidenschaft." Dass dies für ihn nicht nur ein Spruch ist, bewies er mit seinem Video-Wein-Blog *Wine Library TV*. In nur 5 Jahren baute er über diesen Blog eine gigantische Fangemeinde im Netz auf und schaffte zwei Dinge.

1.) Zum einen erhöhte er seinen Umsatz enorm.

2.) Zum anderen schaffte er den Sprung in ein neues Entrepreneur-Level: Er baute sich selbst als Personenmarke auf.

Hier eine kurze Chronologie der Ereignisse.

Die Vorgeschichte

Die Eltern von Gary Vaynerchuk wanderten aus Russland in die USA ein und starteten dort in New Jersey einen Weinladen, den *Shoppers Discount Liquors*. Als Kind an der Kasse des Ladens gelangweilt, beginnt Gary in jungen Jahren die Wein-Fachmagazine zu lesen und findet die Welt der Weine plötzlich ebenso spannend wie Baseball. Um Geschmacksrichtungen auseinanderhalten zu können, trainiert er als Teenager seinen Gaumen an verschiedensten Gemüsen und Gewürzen. Seine wachsende Fähigkeit, in kürzester Zeit die „Klangfarben" eines Weines anschaulich zu beschreiben, sind eine Grundlage seines späteren Expertenstatus.

Er übernimmt Stück für Stück den Laden seiner Eltern, achtet auf das emotionale Erlebnis der Kunden und führt unter anderem die Regel ein, dass jeder Wein, der im Laden steht, persönlich gekostet sein muss. Bis dahin ist dies die Geschichte eines ungewöhnlichen, jungen, ambitionierten Weinhändlers. Die Welt von Gary Vaynerchuk ändert sich, als er sein Selfmade-Expertenwissen mit dem Internet verbindet.

1997 Start mit winelibrary.com

Gary Vaynerchuk startet bereits 1997 einen Online Weinshop, als noch alle anderen Weinhändler in den USA der festen Überzeugung waren, dass Wein nicht im Internet verkauft werden sollte.

* www.winelibrary.com

Februar 2003 - die erste Folge seines Video-Blogs tv.winelibrary.com

2003 kommt ihm der Gedanke, die neuen Medien zu nutzen, um „Nichtweintrinker" an Weine heranzuführen. Er tauscht den Sitz hinter seinem Schreibtisch als Weinhändler gegen einen Stuhl hinter einem kleinem Tisch im gleichen Zimmer aus und dreht seine Weinvideos in seinem eigenen Geschäftsbüro. Alle Folgen seines Video-Blogs *tv.winelibrary.com* entstehen ab dann NICHT in einem Studio, sondern in diesem engen, kleinen Raum.

Ab 2003 – der Erfolg von Wine Library TV

An seinem Tisch nehmen in den folgenden Jahren berühmte und nichtberühmte Menschen Platz. Das Thema ist immer Wein und Gary Vaynerchuk bringt den Wein in einer unkomplizierten Weise an den Mann. Sein Blog *Wine Library TV* revolutioniert die Art, über Wein zu sprechen. Er nutzt Facebook, Twitter und seine eigenen Websites.

* Folgen seiner Videos werden von 100.000den usern gesehen
* Er wird als „der erste Weinguru der YouTube-Ära" bezeichnet
* *askmen.com* wählt ihn 2009 unter die 49 einflussreichsten Männer der Welt (neben Männern wie James Cameron und Jeff Bezos)
* Er wird in Radio- und Fernsehshows eingeladen
* Er bekommt erste Aufträge, Firmen im Markenaufbau zu beraten

Sein Weinumsatz schnellt von 1998 bis 2005 von ursprünglich 4 auf 50 Millionen $ und betrug am Ende nach eigenen Angaben 60 Millionen $ pro Jahr (dieser Anstieg wurde nicht alleine durch seinen Blog ausgelöst. Es kam auch klassisches Anzeigenmarketing in Magazinen zum Einsatz).

2006 – der Beschluss, seine Person als Marke aufzubauen

Durch den Erfolg ermutigt, entwickelt Gary Vaynerchuk eine neue Vision. Er weitet seinen Blick, löst sich von seiner alten Rolle als Händler und investiert in den Aufbau seiner eigenen Person.

2009 – Publikation seines ersten Buches Crush it!

In seinem Buch *Chrush it! Why NOW Is the Time to Cash In On Your Passion*, fasst er zum ersten Mal seine Erfahrungen zusammen. Er resümiert in dem Buch rückblickend, dass der Aufbau seiner „Personal Brand" über Social Media viel günstiger war als der Aufbau seines Wein-Marketings.

März 2011 – die 1.000ste und letzte Folge von Wine Library TV

Am 14.03.2011 beendet er in der 1.000sten Folge seinen überaus erfolgreichen Video-Blog *Wine Library* und kündigt seinen neuen Blog *Daily Grape* und sein zweites Buch *The Thank You Economy* an. Er publiziert sein zweites Buch *The Thank You Economy*.

23.08.2011 – die 89. und letzte Folge von Daily Grape

Diese Folge ist auf www.dailygrape.com zu sehen und unbedingt sehenswert. In der 89. Folge von Daily Grape zieht sich Gary Vaynerchuk ganz aus seiner Wein-Karriere zurück. Er nennt für seinen Rückzug als Hauptgrund, dass er jetzt so weit ist, einen Schritt weiter zu gehen.

- www.dailygrape.com

Was tut Gary Vaynerchuk heute?

Gary Vaynerchuk versteht sich heute nicht mehr als Weinhändler, sondern als Entrepreneur und berät andere, wie sie ihr Business aufbauen. Er ist als Person eine „Expertenmarke" und wird u.a. als Keynote Speaker gebucht. Eine Selfmade-Karriere von einem Jungen, der hinter der Ladentheke seiner Eltern Weinmagazine liest, bis zum smarten millionenschweren Top Consultant.

- garyvaynerchuk.com

Denken Sie in Online-Prozessen

Die verschiedenen Internetsysteme vor Augen haben

Denken Sie beim Internet nicht mehr an eine einzige Website. Denken Sie in verschiedenen Systemen und Prozessen, die Sie im Netz nutzen.

Fallbeispiel Online-Tutorial

Angenommen Sie wollen als Coach ein Online-Tutorial anbieten. Dann kommen Sie nicht mit einem einzigen System im Web aus.

- Sie *bewerben* das Tutorial über verschiedene Systeme (z.B. AdWords)
- Sie schalten *Aktionsseiten* mit Schnupper-Angeboten (Leadgeneration)
- Sie bauen einen *Newsletter* auf (Ihre E-Mail-Houselist)
- Sie nutzen einen *E-Mail-Provider*, um automatisierte Mails zu senden
- Sie sind als Coach auf *Facebook* oder einer anderen Community
- Sie haben eine *Website*, auf der Ihr Tutorial norma bestellt wird
- Sie haben damit eine *Bestellfunktion* inkl. Payment etc.
- Sie haben ein *System*, in dem Ihre Kunden die Tutorials sehen

Sie merken schon: Dies ist nicht mehr nur eine einfache Website. Dies ist das Zusammenspiel verschiedener Handlungsstränge. Die gute Nachricht: Dies kann das Internet sehr gut und es gibt viele Tools, die Ihnen helfen.

Schrittweise automatisieren

- Sie müssen nicht sofort alles automatisieren.
- Gehen Sie den Aufbau Ihrer Internetsysteme ruhig schrittweise an.

Sie können zum Beispiel zu Beginn bei der Automatisierung der Verarbeitung sparen. Anfragen oder Bestellungen laufen bei Ihnen dann einfach als E-Mail auf und werden händisch bearbeitet. Sie testen damit aus, wie viele Bestellungen hereinkommen. Mit wachsendem Volumen automatisieren Sie dann alle Teilschritte. Unterschätzen Sie aber nicht die Tools, die es heute im Internet gibt. Viele bieten Ihnen schon von Anfang an einen hohen Grad der Automatisierung.

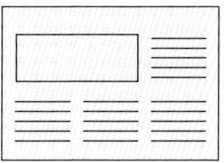

- Sie betreiben eine Website
- Viel Information soll überzeugen
- Auf der Website sind alle Ihre Angebote
- Sie bewerben diese Website direkt, indem Sie die Webadresse verbreiten

www.ihreWebsite.de

NEUES DENKEN   Sie haben Prozesse im Netz

www.aktion.de

Marketing für Aktion
- Anzeigen
- Suchmaschinen
- Andere Maßnahmen
- Generierter Traffic

GRATIS

absenden

Beispiel

Gewinnung von Interessenten über den Zwischenschritt einer Gratisprobe. Einschreibung in den Newsletter.

1   2   3

Newsletter-Sequenz
Führt an das Angebot heran und linkt dann auf die Buchungsseite.

Erst dann zur Website.

Direkter Traffic
- Stammkunden
- Anzeigen
- Suchmaschinen
- Link-Building

A   B

BUCHEN   BUCHEN

Verarbeitung
- Payment
- Versand (Logistik)
- Rechnungslegung
- Service

www.ihreWebsite.de

MARKETING	LANDING PAGES	BACK END
Vorlaufende Systeme	Sichtbare Seiten	Verarbeitung

145

Ihre E-Mail-Liste ist wichtiger als Ihre Website

Wenn wir von verschiedenen Websystemen sprechen:
Welches ist Ihr wichtigstes? Ihre Website mit Redaktionssystem? Nein.

Es ist Ihr E-Mail-System.

Nutzen Sie auf jeden Fall ein professionelles Mailing-System,
mit dessen Hilfe Sie einfach Mailing-Listen verwalten können.

Ein professionelles E-Mail-System automatisiert die Ab- und Anmeldung,
dass sogenannte Bounce-Management (Umgang mit nichterreichba-
ren Adressen) und hält die Kommunikation zu Ihren Interessenten und
Kunden aufrecht. Auch dann, wenn Sie unterwegs sind.

Bauen Sie einen großen E-Mail-Verteiler auf

- Das Herzstück Ihres Internet-Erfolges ist Ihre wachsende E-Mail-Liste
- Nutzen Sie einen professionellen E-Mail-Server
- Automatisieren Sie kurze Sequenzen der Kundenansprache

Bauen Sie eigene Angebote / Seiten nur für Erstregistrierungen

- Bieten Sie Inhalt gegen Registrierung beim Newsletter
- Oder schalten Sie eine Seite nur zur Registrierung

Bieten Sie kostenlose Reports oder andere Downloads

- Vor Möglichkeit des Downloads: Eintrag in die Liste
- Bewerben Sie diese kostenlosen Downloads

Buchen Sie andere Newsletter

- Anzeigen in anderen Newslettern mit Link auf kostenlosen Download
- Testen Sie, welche Newsletter wirklich zu Einträgen führen

E-Mail-Marketing

Kostenloser E-Mail-Newsletter im Kern – Sammeln Sie überall

- Bieten Sie überall Ihren kostenlosen Newsletter an
- Prominent auf jeder Ihrer Websites
- Legen Sie bei jeder Veranstaltung Anmelde-Zettel aus
- Geben Sie während eines Vortrags eine Liste herum

Einfache An- und Abmeldung

- Möglichst einfache Anmeldung
- Arbeiten Sie mit professionellen Systemen (An- / Abmeldung etc.)

Arbeiten Sie mit verschiedenen Listen

- Bauen Sie verschiedene Listen auf
- Im Kern steht Ihre Hauptliste. Dort sind alle Empfänger vorhanden
- Zusätzlich Nebenlisten. Beispiel: Liste Seminarteilnehmer Quartal 1
- Die Nebenlisten können thematisch anders angesprochen werden

Guter persönlicher Inhalt

- Schreiben Sie zum Thema und bringen Sie dazu echten Nutzen
- Schreiben Sie, wie Sie sprechen würden und mit einer persönlichen Note
- Ein Newsletter ist K E I N E Werbung. Er ist ein Gespräch
- Bieten Sie gute Infos + gute Angebote. Ein gutes Angebot ist eine gute Info!
- Die Qualität Ihres Inhaltes ist der Schlüssel zum Erfolg, nichts anderes

Hinterlassen Sie im Netz Spuren

- Beteiligen Sie sich an Foren, schreiben Sie Artikel
- Posten Sie immer mit einer guten markanten Signatur
- In der Signatur darf ein Link auf die Homepage oder eine Themenseite sein

Auf welchen Marktplatz im Internet wollen Sie?

Eine Frage haben wir noch gar nicht gestellt:

Brauchen Sie überhaupt eine eigene Internetseite?

Das ist nicht immer der Fall. Es hängt davon ab, auf welchen Online-Markt Sie wollen und welches Verbreitungsmodell Sie wählen. Oft ist der einfachste Weg, sein Produkt über die Plattformen anderer anzubieten. Bei Wissensprodukten wie E-Books, bietet sich diese Strategie an. Bei einem Blogger sind die Fremddienste (Twitter, Facebook etc.) sogar zentrales Element der eigenen Onlinepräsenz.

Die Sache mit dem Traffic

Warum sind die Seiten anderer für Sie so wichtig? Das Internet ist riesig. Wenn Sie an der falschen Stelle stehen, passiert schlicht und ergreifend nichts. Es gibt im Internet Kreuzungen, an denen besonders viel los ist. *Google*, *Facebook* und *Amazon* zum Beispiel. Viele andere Stellen sind mausetot. Eine Stelle, an der zunächst einmal nichts passiert, ist Ihre eigene Website. Auf Ihrer Seite passiert nur etwas, wenn auf dieser auch Besucher sind. In der Fachsprache hat sich interessanterweise ein Wort aus dem Straßenverkehr eingebürgert: *Traffic*. Web-Marketing ist damit ähnlich wie die alte Standortfrage bei der Gründung eines Lokals. Wo stelle ich mich hin und wer läuft an mir vorbei? Diese Frage kann grob gesehen auf zwei verschiedene Weisen beantwortet werden:

A – Sie haben eigene Seiten und holen Menschen auf Ihre Seite

B – Sie sind auf den Seiten anderer präsent und vermarkten sich dort

Bevor Sie also mit viel Aufwand eine eigene Seite und den Traffic dazu aufbauen, recherchieren Sie, ob Sie mit weniger Energie über die Plattform anderer (und deren Traffic) Erfolg haben. *Sascha Lobo*, der definitiv Social Media exzessiv nutzt, rät dennoch dazu, immer zusätzlich eine eigene Website zentral zu betreiben. Sonst werden sie abhängig von anderen.

Für jedes Geschäftsmodell gibt es im Internet inzwischen umsatzstarke Handelsplatt-
formen. Diese zu nutzen kann sinnvoller sein, als einen eigenen Shop aufzubauen.
Diese beiden Listen nennen exemplarisch einige Märkte. Sie sind nicht vollständig.

Online Märkte, auf denen Sie selbst einfach handeln können

Domain	Markt für	Anmerkungen
amazon.de	Alle Arten von Artikeln. Sehen Sie sich das Amazon PartnerNet an.	Wohl der größte Internetmarkt. Startete mit Büchern und CDs. Heute alles. Hat mit dem Kindle einen eigenen E-Book-Reader.
ebay.de	Alle Arten von Artikeln. Es kann ein Premium Shop betrieben werden.	Eine der größten Shopping-Websites. Startete als Auktions-Plattform. Heute alle Arten von Verkäufen möglich.
etsy.com	Marktplatz für Handgefertigtes und Vintage-Ware.	Startete 2005 in den USA als kleine von drei Gründern betriebene Website. Heute eine der führenden Plattformen für Handgefertigtes.
avocadostore.de	Nur nachhaltige Produkte. eco / fashion / lifestyle	Hamburger Start-up. Startete 2010 und bekam im gleichen Jahr den Preis „Start-up des Jahres" von deutsche-startups.de verliehen.

Bücher, E-Books, Audiobooks, Webinare

Domain	Komponente für	Anmerkungen
amazon.de audible.de	Bücher, E-Books Audiobooks	Marktführer Bücher und E-Books. audible.de = Audiobooks.
iTunes iBookstore	Musik, E-Books, Audiobooks	Portal von Apple. Wegbereiter für digitalen Konsum.
thalia.de	Bücher, E-Books	Beispiel einer klassischen Buchseite
epubli.de	Bücher, E-Books	Zentraler Vertrieb für Selfpublisher
Edudip	Webinare	Beispiel einer Webinarplattform
GoToMeeting	Webinare	Beispiel einer Webinarplattform
Google Hangouts	Chat + Video + Stream	Live-Chat mit bis zu 150 Personen

Experten können auf immer mehr Plattformen ihr Wissen digital ausliefern.

Ihre Internet-Firma

Rechts ist der Aufbau einer möglichen smarten Internet-Firma skizziert, wie wir es empfehlen. Dieses fiktive *Smart Business Concept* geht dabei verschiedene Wege.

- *www.IhreFirma.de* wäre Ihre Hauptseite
- Daneben gibt es andere Landing Pages im Marketing
- Alle eigenen Seiten sind mit dem eigenen Newsletter versehen
- Dazu werden die Seiten / Plattformen anderer mitgenutzt
- Eine solche E-Firma betreibt ein flexibles Netzwerk
- Die Kunst dabei ist, die Steuerung über wenige Kernsysteme zu führen

Die eigenen Seiten

Hauptseite

Zeigt Ihre Hauptangebote. Wenn Sie bloggen, ist hier Ihr Blog. Für diese Seite wird eine gute Google-Position zu zentralen Keywords angestrebt.

Aktionsseiten, Themenseiten, Produktseiten

Für das Marketing werden einzelne Landing Pages geschaltet, die fokussiert nur eine Aktion oder ein Thema / Produkt bewerben. Diese einzelnen Seiten sind für spezielle Keywords optimiert und mit eigenen E-Mail-Sequenzen hinterlegt. Also eigene Prozess-Tunnel mit verschiedenen Aufgaben: Gewinnung von Newsletter-Abonnenten oder Bestellungen.

Traffic gezielt gewinnen

Für das Online-Marketing arbeiten Sie sowohl über die Hauptseite als auch über die Landing Pages. Sie bauen über verschiedene Maßnahmen möglichst gezielten Traffic auf.

Plattformen anderer

Auf den Seiten anderer versuchen Sie möglichst mit der Identität Ihrer Hauptseite aufzutreten. Das Ganze gleicht einem Spinnennetz. In der Mitte ist Ihre Kernseite. Darum herum steht eine Reihe von Satelliten.

Blaupause einer E-Firma

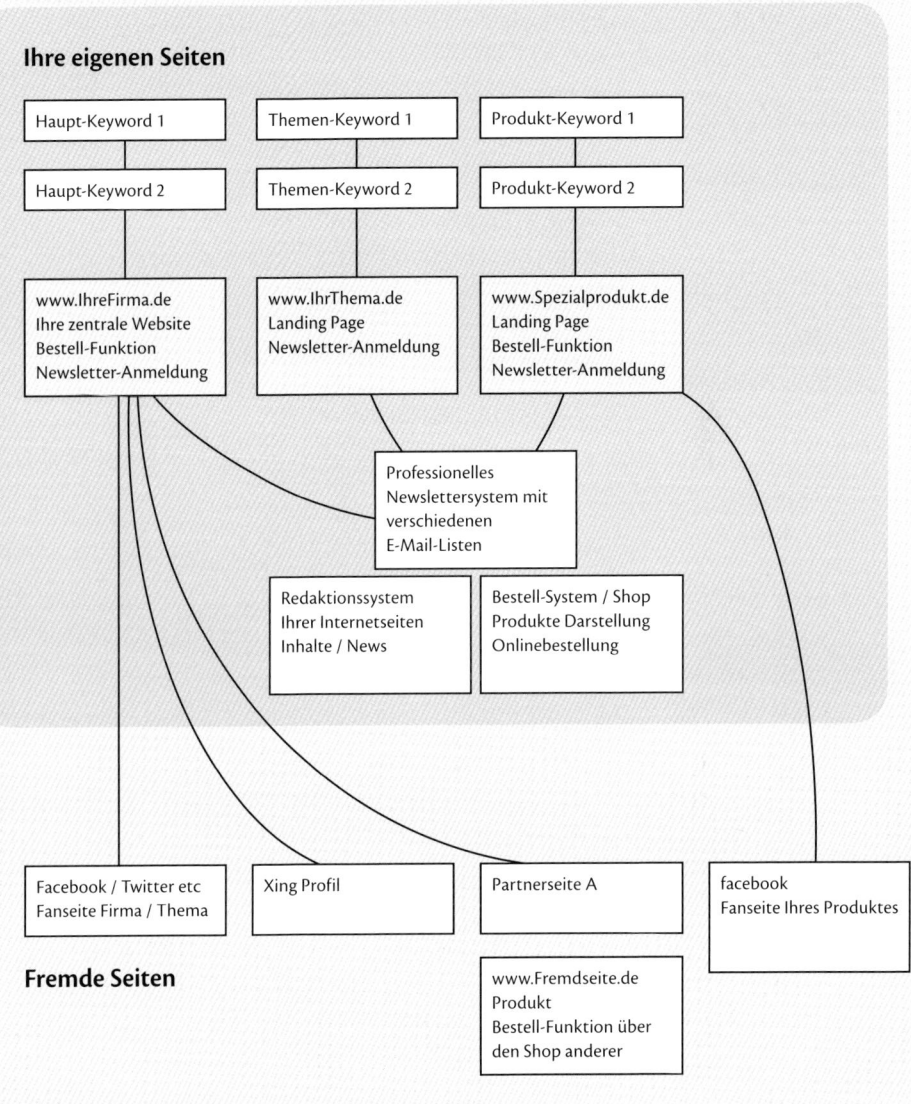

Ihre eigenen Seiten

Haupt-Keyword 1	Themen-Keyword 1	Produkt-Keyword 1
Haupt-Keyword 2	Themen-Keyword 2	Produkt-Keyword 2

www.IhreFirma.de
Ihre zentrale Website
Bestell-Funktion
Newsletter-Anmeldung

www.IhrThema.de
Landing Page
Newsletter-Anmeldung

www.Spezialprodukt.de
Landing Page
Bestell-Funktion
Newsletter-Anmeldung

Professionelles
Newslettersystem mit
verschiedenen
E-Mail-Listen

Redaktionssystem
Ihrer Internetseiten
Inhalte / News

Bestell-System / Shop
Produkte Darstellung
Onlinebestellung

Facebook / Twitter etc
Fanseite Firma / Thema

Xing Profil

Partnerseite A

facebook
Fanseite Ihres Produktes

Fremde Seiten

www.Fremdseite.de
Produkt
Bestell-Funktion über
den Shop anderer

Die virtuelle Maschine

Ein Konzept für Fortgeschrittene

Timothy Ferriss beschrieb in seinem Buch *Die 4-Stunden-Woche* das Konzept einer virtuellen Maschine. Er selbst nannte es nicht so. Wir haben es so getauft, da sein Geschäftsmodell von *BrainQuicken* eine smarte, internetbasierte **Cashflow Company** beschreibt.

- Er ließ sich extern eine Nahrungsergänzung herstellen
- Er gab ihr den Namen *BrainQuicken* und schützte den Namen
- Er vermarktete sie im Internet hauptsächlich über die Seiten anderer
- Die gesamte Auslieferung und auch den Support lagerte er aus

Er optimierte seine Firma BrainQuicken so weit, dass er sein Business mit einer Wartungsarbeit von ca. 4 Stunden pro Woche laufen lassen konnte. 2010 verkaufte er *BrainQuicken* an einen Investor.

Outsourcing und geschicktes Timing im Cashflow

Eine virtuelle Maschine ist gemäß unserer Definition ein Online-Business, dessen Kreislauf so aufgebaut ist, dass er nur einen positiven Cashflow erzeugen kann:

- Sie achten auf geringe Fixkosten (die technischen Systeme)
- Entscheidend sind die Zahlungszeitpunkte
- Ihre Zulieferer erhalten ihr Geld erst einige Zeit **NACH** Auslieferung
- Ihre Kunden zahlen **VOR** der Auslieferung
- Damit können Sie bei diesem Aufbau keinen negativen Cashflow erzeugen: Jede Buchung / Verkauf zahlt schneller in Ihre Kasse ein, als andere von Ihnen Geld haben wollen.
- Ihre virtuelle Maschine läuft damit fast ohne Risiko

Das Schöne an virtuellen Maschinen ist, dass sie – wenn sie einmal laufen – auch von anderen betrieben werden können und damit an andere Entrepreneure verkauft werden können.

Blaupause einer virtuellen Maschine

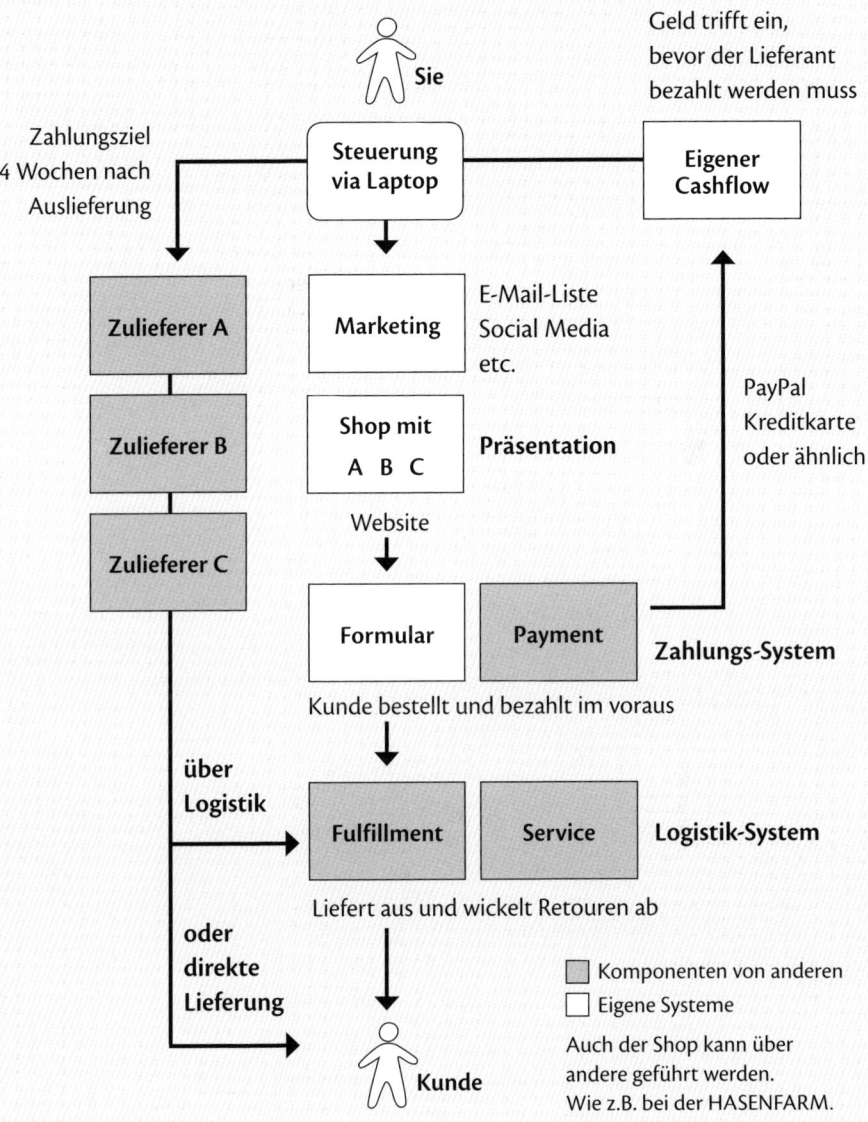

Sie

Geld trifft ein,
bevor der Lieferant
bezahlt werden muss

Zahlungsziel
4 Wochen nach
Auslieferung

Steuerung
via Laptop

Eigener
Cashflow

Zulieferer A

Marketing

E-Mail-Liste
Social Media
etc.

PayPal
Kreditkarte
oder ähnlich

Zulieferer B

Shop mit
A B C

Präsentation

Zulieferer C

Website

Formular

Payment

Zahlungs-System

Kunde bestellt und bezahlt im voraus

über
Logistik

Fulfillment

Service

Logistik-System

Liefert aus und wickelt Retouren ab

oder
direkte
Lieferung

Kunde

Komponenten von anderen
Eigene Systeme
Auch der Shop kann über
andere geführt werden.
Wie z.B. bei der HASENFARM.

153

Mit Komponenten arbeiten

In unseren Augen besteht die Zukunft aus sogenannten Komponenten-firmen. Sie bauen keine eigenen Systeme, sondern fügen diese zusammen. Zur Zeit entstehen weltweit für alle Bedürfnisse flexible Komponenten. Manche kleine Tools, andere mächtige Systeme. Hier eine kleine Auswahl.

Bereich	Ein Beispiel	Was kann das Beispiel?
Arbeitsorganisation	fastbill.com	Rechnungslegung
Projekte organisieren	Trello	Projektmanagement
CRM System	Highrise	Kundenbeziehung
CMS System	WordPress	Website-Blog-System
Webbaukasten + Mini-Shop	Jimdo	Website + Shop
E-Mail-Marketing	Mail Chimp	E-Mail-Sende-System
Analyse	Google Analytics	Statistik
Testen	Balsamiq	Scribbles + UX Tests
Inhalte teilen	Dropbox	Filesharing
Download gegen Bezahlung	Digital River	Fulfillment
Download gegen Bezahlung	digistore24	Dateien verkaufen
Ticketing + Eventorganisation	Eventbrite	Ticket-System
Aufgaben abgeben	Upwork	Freelancer buchen

Mehr Informationen über Komponenten

Die Zahl der Komponenten und *Software as a Service*-Plattformen wächst seit 2010 rasant. Programmieren Sie nichts, was es bereits günstig gibt.

- Am Ende des Buches finden Sie weiterführende Materialien.
- Im *IDEEN Generator* enwickeln Sie Komponenten-Ideen.
- In unserer *Komponenten-Liste* finden Sie die besten Komponenten.

www.smartbusinessconcepts.de/ideen-generator
www.smartbusinessconcepts.de/komponenten-liste

Smarte Fragen – Zusammenfassung

- Was für Internetsysteme brauchen Sie auf jeden Fall?
- Wo soll was passieren? Zeichnen Sie ein Diagramm der Systeme.
- Wo können Sie auf einfache Komponenten zurückgreifen?
- Wie bekommen Sie Traffic auf Ihre Seite? Oder nutzen andere Seiten?

SMART   Die Software / Tools anderer nutzen

Werden Sie Profi-Anwender   1 = Software as a Service. Mietsysteme

- Nutzen Sie die Software anderer
- z.B. Open-Source-Programme mit hoher Verbreitung oder SAAS-Systeme[1]
- Werden Sie professioneller Anwender, nicht Programmierer
- Arbeiten Sie mit Anwendungsprogrammierern, die keine Star-Allüren haben
- Meiden Sie zu komplexe Systeme
- Faustregel: Nur das nutzen, was Sie beherrschen
- Ausnahme sind Devpreneure: Sie stellen kleine Apps / Codeprodukte her

---

BEISPIEL   Performance von Komponenten

Können Sie performante Systeme mit Komponenten bauen?

Absolut.

Wir empfahlen dem Michel in Hamburg als E-Mail System Mail Chimp. Der Michel hat 1,3 Mio Besucher im Jahr. Angenommen 10 % tragen sich davon in den Service ein, wären dies 130.000 Abonnenten. Das wäre für Mail Chimp kein Problem. Es gibt größere E-Mail-Marketingsysteme. Die sind aber so kompliziert aufgebaut, dass Sie Stunden um Stunden im Backend verbringen, um die einzelnen Transaktionen aufzusetzen. Zeit ist aber Ihre kostbarste Währung.

Die Geschäfts-Idee ist die Basis des Geschäftes.
(Sie ist) nichts anderes als eine, nein besser,
DIE entscheidende Marketing-Idee!
Das bedeutet genaugenommen:
Die Geschäfts-Idee und die Marketing-Idee sind ein und dasselbe.

Peer-Holger Stein in seinem Buch „Marken Monopole"

Das Ziel bei Happy Coffee z.B. ist klar. Wir bauen Reichweite auf um Kaffee-Interessierte Menschen als Leser auf die Seite zu holen. Sind diese erstmal da, ist es relativ einfach, einen gewissen Umsatz mit einem guten Produkt zu machen.

Als ich vor 4 Jahren bereits Happy Coffee Kaffee verkaufte, gab es zwar das Produkt, aber keine Reichweite. Also musste ich jeden Kunden in Form von Werbung bezahlen. Ein mühsames und nicht skalierbares Modell. Heute ist es anders herum.

Christian Häfner von Happy Coffee (und FastBill)

Positionierung und Marketing

Ihre Treppe in den Markt

Eine Idee zu haben ist gut.
Ein Geschäftsmodell zu haben ist besser.
Kunden, die Ihre **Produkt-Treppe** hochgehen, sind das Allerbeste.

Aus diesem Grund ist das Marketing ein Teil Ihrer Idee.
Es wird nicht am Ende von Profis „obenauf" gesetzt.
Von Anfang an gehört Ihr Marketing zum Business Concept.

Sie müssen wissen, wie Ihre Produkt-Treppe funktioniert.

Die Smart Business Produkt-Treppe

Viele wollen anders arbeiten. Aber sie scheitern am Marketing. *„Wie verkaufe ich meine Angebote erfolgreich?"* ist die zentrale Frage für Ihren Erfolg. Bestehende Marketingkurse fixieren sich häufig nur auf Online-Marketing oder sind zu abstrakt. 2013 bis 2015 entwickelten wir ein Werkzeug, das Ihnen durch seine Einfachheit hilft, Ihr Marketing schnell zu strukturieren – offline wie online: Die Produkt-Treppe.

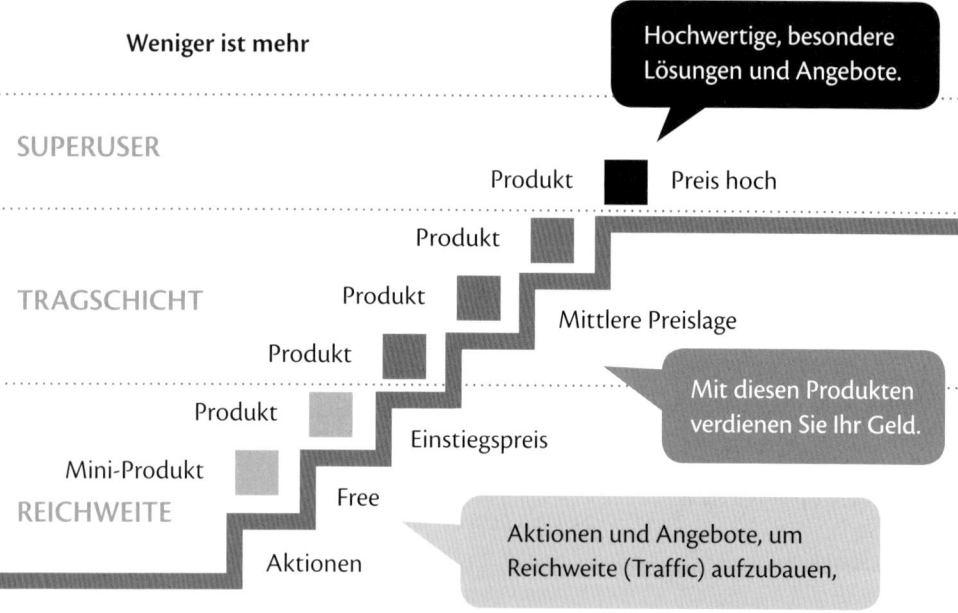

- Dies ist eine 6-stufige Produkt-Treppe (unser Tipp für den Anfang)
- Führen Sie Ihre Kunden die Treppe hinauf
- Es kann kürzere oder längere Treppen geben
- Wichtig ist die Logik auf der Treppe. Warum steht welches Produkt wo?
- *Faustformel:* Niemals ein Produkt aufnehmen, das nicht auf die Treppe gehört. Konzentrieren Sie sich auf das übersichtliche Kundenerlebnis.

Die Formel für Misserfolg

Schlechtes Marketing scheitert an zwei Stellgrößen:

- Es gibt keine Produkt-Logik – Ihr Marketing kann nicht greifen
- Sie haben keine Reichweite – Ihre Treppe verhungert

Erst wenn beide Dinge zusammenkommen: Eine saubere Produkt-Treppe und Reichweite, werden genug Kunden Ihre Lösung nutzen. Von daher startet Marketing bei der Produkt-Treppe. Viele Solopreneure und smarte Teams machen den Fehler zu glauben, ihr Produkt wäre **EIN** Produkt.

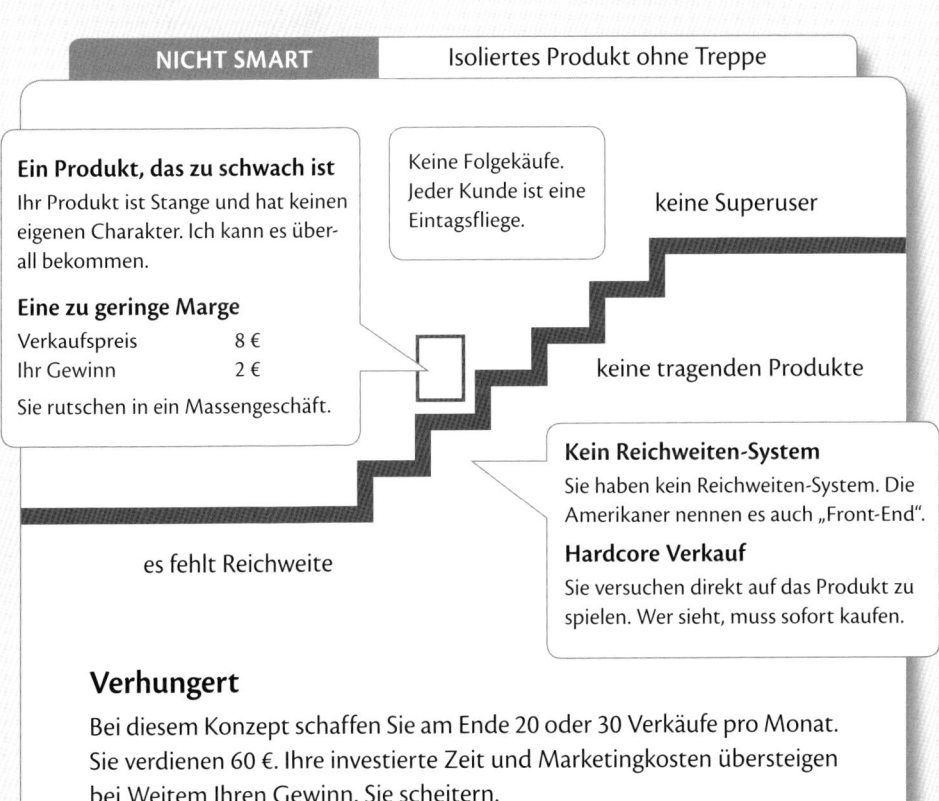

NICHT SMART   Isoliertes Produkt ohne Treppe

Ein Produkt, das zu schwach ist
Ihr Produkt ist Stange und hat keinen eigenen Charakter. Ich kann es überall bekommen.

Eine zu geringe Marge

Verkaufspreis	8 €
Ihr Gewinn	2 €

Sie rutschen in ein Massengeschäft.

Keine Folgekäufe. Jeder Kunde ist eine Eintagsfliege.

keine Superuser

keine tragenden Produkte

es fehlt Reichweite

Kein Reichweiten-System
Sie haben kein Reichweiten-System. Die Amerikaner nennen es auch „Front-End".

Hardcore Verkauf
Sie versuchen direkt auf das Produkt zu spielen. Wer sieht, muss sofort kaufen.

Verhungert

Bei diesem Konzept schaffen Sie am Ende 20 oder 30 Verkäufe pro Monat. Sie verdienen 60 €. Ihre investierte Zeit und Marketingkosten übersteigen bei Weitem Ihren Gewinn. Sie scheitern.

Positionieren Sie Ihre Produkt-Treppe

Positionierung geht über das einzelne Produkt hinaus. Ziel ist:

- unter einem bestimmten Namen
- in einer bestimmten Region (Land) / Thema
- für ein bestimmtes Angebot
- in einer bestimmten Qualität
- einem bestimmten Personenkreis bekannt zu sein.

Viele sprechen dabei auch von *Markenpositionierung*, da die Marke über Ihrer Produkt-Treppe steht. Die Schaffung Ihrer Marke beginnt mit der Entscheidung, was für ein Markentyp Sie sind. Das hat Auswirkung auf die Markenpsychologie und wie Sie Ihr Marketing aufbauen.

Was ist Ihre Treppe? – Verschiedene Markentypen

Personal Branding	Product Branding	Umbrella Brand
Person als Marke	**Produktmarke**	**Brand / Label**
Die Person wird benannt	Das Produkt wird benannt	Das Business wird benannt
Beispiele	**Beispiele**	**Beispiele**
STING (= Wespenstachel) alias Gordon Matthew Thomas Sumner	Der Duden Ein Wissensprodukt	Balzac Coffee Coffee-Shop-Kette
Annie Leibovitz Die wohl berühmteste Fotografin der Welt	Harry Potter Fantasy-Geschichte	Akademie der Künste, Berlin Regionale Bildungsmarke
Jörg Löhr Deutscher Erfolgstrainer	Aida Das Clubschiff	ciao Webportal
	brand eins Business-Zeitschrift	atacama Lifestyle Portal
	Odol Mundwasser (seit 1893 die Flaschenform nicht geändert)	Wir nutzen „Umbrella Brand" im Sinne einer neutralen Marke, nicht im Sinne einer Dachmarke.
		Aus einer Produktmarke wie Odol kann später eine Brand für ein ganzes Sortiment werden.

160

Grundlagen einer guten Positionierung

Ihr Angebot ist der Schlüssel zum Erfolg

- ▶ Ihr Angebot hat einen Namen
- ▶ Ihr Angebot hat einen Vorteil (WOW!-Sprung)
- ▶ Ihr Angebot ist positioniert
- ▶ Ein gutes Angebot kann durch Marketing verstärkt werden
- ▶ Ein schlechtes Angebot wird auch durch Marketing nicht gut

Was ist Positionierung?

- ▶ Sie nehmen zusätzlich bewusst eine markante Stellung ein
- ▶ Sie unterscheiden sich von anderen
- ▶ Sie halten Ihre Position durch, bis sie bekannt wird
- ▶ Eine klare Position ist Voraussetzung für eine Markenbildung
- ▶ Die Entscheidung für einen Geschmack ist z.B. eine Position
- ▶ Eine wichtige Unterscheidung ist eine Position

Marketing über die Treppe strukturieren

Im Marketing führen Sie Kunden an Ihre Treppe heran, führen diese auf der Treppe weiter und bleiben mit Ihren Kunden in Kontakt.

Um dies zu tun, gibt es verschiedene Systeme. Wichtig ist, dass Sie ein System haben. Ein Unternehmen ist keine Zettelbox, die heute so und morgen so funktioniert.

REICHWEITE-SYSTEM

bezahlte Aktionen

Aktiv

Passiv

Weiterempfehlung

Aufmerksamkeit ist teuer

Wer sich nur über Geld in den Markt drücken will, muss Werbung buchen. Als Solopreneur verbluten Sie dabei. Auch Online Start-ups unterschätzen regelmäßig, wie teuer es ist, den Markt stürmen zu wollen.

- Wie können Sie anders bekannt werden?
- Wer kann Ihr Fahrstuhl sein?
- Wie erreichen Sie Kunden-Zufriedenheit?
- Wann empfiehlt man Sie weiter?

Aufmerksamkeit setzen

Erst wenn andere aufmerksam werden beginnt Kommunikation. Daher ist Ihre erste Aufgabe, Reichweite aufzubauen:

- durch eigene *aktive* Maßnamen und
- *passive* Weiterempfehlungen.

Produkte von der Stange werden nicht weiterempfohlen. Was erhöht den *Passiv-Faktor* Ihrer Reichweite?

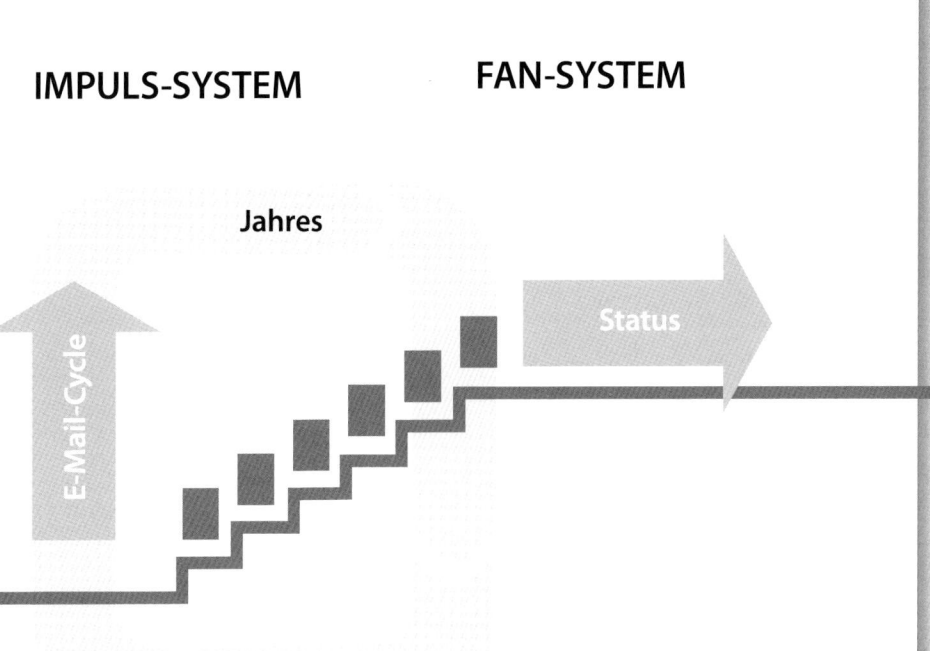

IMPULS-SYSTEM

FAN-SYSTEM

Jahres

Status

E-Mail-Cycle

Rhythmus

In die Kommunikation holen

Sie leiten Ihre Interessenten innerhalb Ihrer Produkt-Treppe. Das erste Ziel ist NICHT, zu verkaufen, sondern Interessenten in die Kommunikation zu holen.

Der beste Weg dazu ist eine Eintragung in den eigenen E-Mail-Newsletter. Ab dann können Sie wiederholt Angebote setzen.

Nicht fallen lassen

Hat ein Kunde eine Stufe auf der Treppe genommen, lassen Sie diesen nicht fallen. Je nachdem, wo er auf Ihrer Treppe steht, erhält er einen anderen Status und bekommt Dank und Ermutigung.

Sie müssen Ihre Kunden nicht Fans nennen, Sie sollten Sie aber wie solche behandeln.

Marketing ist KEINE Werbung

Marketing ≠ Werbung = Sie gehen auf einen Markt

Marketing hat wenig mit Werbung zu tun. Lösen Sie sich von althergebrachten Klischees. Ihr Marketing hängt von Ihrem Markt ab! Jedes Produkt und jeder Markt hat andere Spielregeln. Und die neuen smarten Märkte ticken anders als der Einzelhandel, der alte Versandhandel etc.

Marketing = Sie bieten auf einem Markt an

So wie Sie auf einem Markt auftreten, werden Sie dort akzeptiert. Sie „legen Ihre Ware" aus und informieren über Vorzüge. Gleich ob Sie auf einen fremden Markt gehen (sich z.B. über *Amazon* listen lassen) oder einen eigenen Markt schaffen (z.B. einen eigenen Online-Shop): Sie haben nur Erfolg, wenn Menschen mitbekommen, was Sie anbieten. Denken Sie nicht „Amazon macht das schon", Sie sind am Ball. Ihre Aufgaben sind:

● **Verstanden werden**

Viele Angebote werden nicht verstanden. Menschen nehmen Dinge nicht richtig wahr. Helfen Sie bei der Wahrnehmung. Was ist schwer zu begreifen? Welches „Nein" müssen Sie von vornherein umgehen?

● **Die Relevanz Ihrer Lösung klar machen**

Lösen Sie ein Problem. Sprechen Sie das Problem an. Zeigen Sie, dass Ihre Lösung relevanter ist als andere Lösungen. Nehmen Sie Menschen an die Hand und führen Sie plastisch vor, worum es geht.

● **Ihre besondere Position herausarbeiten**

Erklären Sie nicht, was selbstverständlich ist. Arbeiten Sie heraus, was Sie unterscheidet. Wo sind Sie A N D E R S ? Lassen Sie alles andere weg. Wirklich: Lassen Sie es weg.

● **Belegen, dass Sie WOW! sind**

Deutsche lieben Gewissheit. Was kann Ihre Qualität beweisen (Studien, Siegel, Qualifizierungen, Auszeichnungen)? Welche Referenzen aus der eigenen Vita oder von Kunden gibt es?

Verschiedene Wege fernab klassischer Werbung

- **Der Publikationsweg**
Sie publizieren Bücher, White-Paper, Reports etc. zu Ihrem Thema.
- **Der Vortragsweg / Webinarweg**
Sie halten so viele Vorträge wie möglich, bis der Kundenstamm steht.
- **Der Netzwerkweg**
Sich mit anderen vernetzen und im Netzwerk wachsen.
- **Der Kooperationsweg**
Ein Kooperationspartner integriert Ihr Angebot in sein Programm.

Im Internet über eigene oder fremde Seiten

- **Listen-Marketing**
Aufbau einer eigenen E-Mail-Liste
- **Content-Marketing**

• Keyword-Strategie	Analyse der wichtigsten Keywords
• Guter eigener Content	Blog mit Redaktionsplan
• Onpage-Optimierung	Content auf der eigenen Seite
• Offpage-Optimierung	Aufbau einer Back-Link-Struktur

- **Online-Anzeigen**
AdWords (Google), Facebook-Anzeigen, Banner
- **Social-Media-Marketing**
YouTube, Facebook, Twitter, Instagram, Pinterest, Xing ...
- **Online-PR / Foren / Blog-Marketing**
- Eigener Blog, Vernetzung mit anderen Blogs
- Artikel auf anderen Websites
- **Affiliate-Marketing**
Andere posten Sie gegen Umsatzbeteiligung

ACHTUNG: Niemand schafft es solo oder im smarten Team, alle möglichen Kanäle gleichzeitig gut zu bedienen. Konzentrieren Sie sich.

25 Messen als Sprungbrett in die Onlinenutzung

- Interview mit dem Gründer von memorius.de
- Wir führten das Interview mit Volker Winkler im April 2012.
- Er startete 2009 die erste Fotobuch-Webschnittstelle nur für Bestatter. Zum Zeitpunkt des Interviews nutzten ca. 1.000 Bestatter memorius.
- 2012 expandierte memorius nach Holland und Österreich.

▶ Siehe auch Seite 122   Übersichtsdiagramm Ideenfindung

Volker, was brachte Dich auf den Gedanken, memorius.de zu starten?

Meine eigene Erfahrung in unserem Bestattungsinstitut, die mir gezeigt hat, welche Wirkung diese Fotobücher bei den Angehörigen haben.

Was war die Grundidee und was war dann Fleißarbeit,
um das Projekt zum Stehen zu bringen?

Die Grundidee war, ein allgemein bekanntes Produkt (Fotobücher) innerhalb einer abgegrenzten Branche (Bestattungen) zu etablieren. Die Fleißarbeit war, die Bestatter von dieser Idee zu überzeugen. Wir haben dazu in den letzen drei Jahren ca. 25 Messen mit eigenem Stand besucht.

Was war der erste Erfolg?

Es gab keinen „ersten Erfolg", sondern es gab nach einer Messe im März 2009 zunächst ganz wenige und kleine Bestellungen. Seit dem vergeht kein Monat, in dem nicht mehr Bücher als im Vormonat bestellt werden.

Wo stehst Du heute mit memorius.de?

Memorius ist nach nur 3 Jahren im deutschen Bestattungsmarkt sehr bekannt. Mit memorius.nl und memorius.at weiten wir gerade unser Angebot in Europa aus. Ich bin selbst gespannt, wo die Grenzen des Projekts liegen.

Rechnet sich das Projekt?

Jährlich trauern in Deutschland die Menschen um ca. 800.000 Verstorbene. Für jeden ein Fotobuch. Rechnet sich das?

Wie konntest Du das Projekt finanzieren?

Ich habe mit CEWE Color nicht nur einen finanzstarken Partner, sondern vor allem die weltweit beste Fotobuchsoftware als Grundlage der Idee. Diese haben wir ohne viel Kosten an die Branche angepasst. Unsere Investition waren eher vertrieblicher Natur. Das ist eine Frage des Glaubens an das eigene Produkt. Und daran habe ich wirklich nie gezweifelt.

Was ist in Deinen Augen smart an Deinem Geschäftsmodell?

Die Einfachheit und Logik der Idee. Warum in aller Welt wurden Fotobücher bisher nur bei den emotionalen Momenten wie Geburt, Hochzeit, Taufe, Urlaub usw. gemacht und nicht bei Trauerfeiern? Was ist emotionaler als eine Trauerfeier? Smart dabei ist die Skalierbarkeit des Projektes. Mehr Umsatz bedeutet nicht mehr Arbeit.

Was würdest Du anderen Smart Business Concept Entwicklern empfehlen? Auf was sollten sie achten?

Einfach machen.

LEARNING   Das Schwungrad aktiv starten

Eintrittsschwelle und Folgegeschäft

Bestatter sind ein sehr konservatives Publikum. Sie können nicht einfach mit einer E-Mail gewonnen werden. Aus diesem Grunde nutzte Volker Winkler Bestattermessen im Marketing. Ist die Hürde in persönlichen Gesprächen genommen, hat er mit dem Folgegeschäft keine Arbeit mehr.

Alles muss einfach sein und transparent laufen

- Interview mit dem Inhaber und Geschäftsführer von quipma.
- Wir führten das Interview mit Thomas Fröhlich im April 2012.
- Er startete 2008 seine TV-Wandhalter-Suchmaschine.
- 2012 musste er sein Geschäft wegen des Erfolges erweitern.

▶ Siehe auch Seite 111   Fallbeispiel Wandhalterung.tv

Herr Fröhlich, Sie haben einmal selbst von sich gesagt, dass Sie „sehr spezialisiert" sind. War diese Konzentration auf eine einzige Sache, der Grund für Ihren Erfolg?

Ja. Aber neben der Spezialisierung ist es Tatsache, dass die Kundenzufriedenheit absolute Priorität hat. Der alte Spruch „der Kunde ist König" gilt bei quipma. Denn wir leben von den Kunden und nicht umgekehrt. Der nächste Shop ist nur einen Mausklick entfernt. Probleme werden kulant gelöst. Im Zweifel hat der Kunde recht.

Wie viele Wandhalterungen verkaufen Sie zur Zeit pro Monat?

Genaue Zahlen nenne ich nicht.
Aber in den vergangenen 6 Jahren waren es einige 10.000.

Was waren die schwierigsten Hürden auf Ihrem Weg von der Idee einer Wandhalterungen-Suchmaschine bis zur Umsetzung?

Einen fähigen Programmierer zu finden. Häufig sprechen Kaufleute und IT-Spezialisten „unterschiedliche Sprachen". Ich habe früher mal ein wenig programmiert und später während meines BWL-Studiums auch Wirtschaftsinformatik belegt. Das war hilfreich.

Was ist Kunden Ihrer Erfahrung nach am wichtigsten?

Dass sie nicht enttäuscht werden. Alles muss einfach sein und transparent ablaufen. Das schnell gelieferte Produkt muss der Präsentation im Internet exakt entsprechen.

Sie verkaufen ja online und auch in Ihrer Filiale direkt in Berlin.
Gibt es einen Unterschied zwischen Online-Käufern und normalen
Käufern? Worauf würden Sie bei einem Online-Shop besonders achten?

Ich denke, es gibt kaum Unterschiede. Ältere Kunden bevorzugen
häufig den klassischen Einkauf. Bei einem Online-Shop würde ich auf
Übersichtlichkeit und verschiedene Zahlarten achten.

Sie dachten zu Beginn, dass der Name Ihrer GmbH nicht so wichtig ist,
weil sich die Käufer nur die Domain des Online-Shops merken.
Von daher starteten Sie unter dem Namen „Handelsagentur Fröhlich".
Warum suchten Sie später nach einem neuen Namen?

Weil ich den Kunden eine Antwort auf die Frage
„von wem sind die Halterungen?" geben wollte.
quipma ist mittlerweile eine eingetragene Marke.

An welchen Stellen sollten Unternehmer aufpassen, wenn sie ihre
private Unabhängigkeit erhalten wollen? Sie selbst haben sich einmal
als „professionellen Windsurfer" bezeichnet. Von daher schließe ich, dass
Ihnen Unabhängigkeit wichtig ist. Worauf sollten Entrepreneure achten,
damit ihre Freiheit nicht verloren geht?

Ich bin natürlich nur Hobbywindsurfer. Um zu unterstreichen, wie
wichtig der Sport für mich ist, sage ich gelegentlich zum Scherze „Im
Hauptberuf bin ich Windsurfer". Entrepreneure sollten mit Eifer an ihren
Projekten arbeiten, jedoch nicht vergessen, Batterien auch aufzufüllen.
Hobbys und soziale Kontakte sollten nicht vernachlässigt werden.

LEARNING	Die Identität Ihrer Produkte ist wichtig

Ein Produkt ohne Name hat keine Story

Herr Fröhlich startete zu Beginn als reiner Versender und konzentrierte sich alleine auf die Gattung seines Produktes: Er bot die
beste Auswahl an Wandhalterungen. Mit wachsendem Erfolg
brauchte er einen guten Namen für seine Eigenprodukte.

Storytelling

Kennen Sie die Geschichte der *Australian Kangaroo*, eine der bekanntesten Goldmünzen der Welt? Ursprünglich hieß die Münze *Australian Nugget*. Denn die Australier waren stolz auf ihre Goldfunde und Goldgräber und bildeten bis 1989 auf der Münze besonders wertvolle Nuggets ab, die in Australien gefunden wurden.

Haben Sie schon einmal das Bild eines Nuggets auf einer Goldmünze gesehen? Das sieht ungefähr so aus wie eine platt getretene Walnuss. Die Münze verkaufte sich normal.

Was verkauft sich besser?

Die Münze mit dem Nugget und der Aufschrift „Australian Nugget"

oder die gleiche Münze mit dem Känguru plus „Australian Kangaroo"?

Gezeigt wird beides Mal die Vorderseite der Münze.

Bis die Ausgabeanstalt das Bildmotiv und den Namen änderte. Anstatt des abstrakten Nuggets wurde fortan jedes Jahr das Motiv eines Kängurus aufgeprägt. Und siehe da: *Australian Kangaroo* wurde zu einem Bestseller.

Ihr Produkt verkauft sich nicht nur wegen der Funktion

- Beschäftigen Sie sich mit Design, mit Geschichten und mit Werten.
- Wofür stehen Dinge? Was für Schwingungen haben sie?
- Wann ist etwas hässlich, wann liegt etwas gut in der Hand?

Storytelling ist mehr als Design

- Storytelling ist heute der Kern Ihres strategischen Marketings.
- Im Internet spricht man von „digital Storytelling".
- Es geht darum, Ihr Produkt oder Firma als Geschichte zu sehen: Wie wird sie erzählt? Wie wird sie wahrgenommen?

Denken Sie an den Australian Nugget. Manche Ideen sind Kopfgeburten. Machen Sie aus Ihrem Produkt ein Känguru.

Smarte Fragen – Zusammenfassung

- Wie bauen Sie Ihre *Produkt-Treppe* auf?
- Was ist Ihre *Produkt-Logik?* – Was baut worauf auf?
- Auf welchen *Produkten* liegt Ihr Hauptumsatz?
- Für was für einen *Markentyp* steht Ihr Smart Business Concept?
- Was ist Ihre *Positionierung*? – Wofür stehen Sie?
- Haben Sie ein breites *Marketingsystem?*
  Reichweite – Impulse – Kundenbeziehung
- Auf welche *Märkte* gehen Sie?
- Welche *Marketingmethoden* nutzen Sie?
- Was ist Ihre *Story?* – Wie erzählen Sie Ihre Geschichte?

Tipp: Auf mehreren Beinen stehen

Marketing ist einer der wichtigsten Schlüssel zum Erfolg. Legen Sie sich nicht zu schnell einseitig auf ein Thema wie Content-Marketing, Online-Marketing oder „Bloggen als Marketingmethode" fest. Arbeiten Sie sich eine Marketingstrategie aus, die nicht nur auf einem Bein steht.

Weiterführende Informationen

Wegen der Bedeutung Ihres Marketings ist der umfangreichste Kurs (an dem wir auch am längsten gearbeitet haben) bei *Smart Business Concepts* der *Marketing Generator*. Am Ende des Buches finden Sie mehr Informationen darüber.

www.smartbusinessconcepts.de/marketing-generator

Money does not make ideas,
but ideas make money.

Jacques Séguéla. Französischer Werbeguru und Publizist

Reichtum ist (...) für viele Menschen ein negativer Begriff
geworden, auch wenn sie die einzelnen Annehmlichkeiten
des Wohlstands durchaus zu schätzen wissen.
Unser simplify-Rat: Sprechen Sie nicht von „Reichtum"
oder „viel Geld", sondern von finanzieller Unabhängigkeit.

Werner Tiki Küstenmacher

Ich war immer davon ausgegangen, dass meine Firma unverkäuf-
lich sei, weil meine Nahrungsergänzung als Produkt nicht patentiert
war – es bestand nur der Schutz des Markennamens. Was ich unter-
schätzt hatte, war wie wertvoll das Geschäftsmodell und die Kunden
sind. Ich hatte ein Geschäft aufgebaut, welches mit so gut wie keiner
Reibung lief, Kapital effizient nutzte und Geld verdiente. Als Kirsche
auf der Torte gab es obenauf einen guten Datenbestand von verläss-
lichen Kunden. Das war es, was der Investor schließlich kaufte.

Timothy Ferriss über den Verkauf von BrainQuicken in einem Interview
im Inc. Magazine. Timothy Ferris ist heute als Business Angel in verschiedenen Firmen investiert.

Cashflow, Finanzen und Vermögen

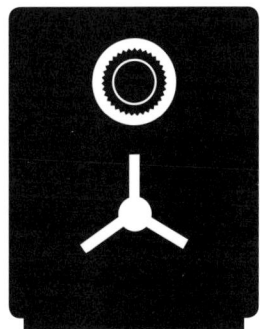

Smarter Umgang mit Geld und Vermögen

Unabhängiger zu werden, hat viel mit der Kontrolle der eigenen Finanzen zu tun. Geld zu haben ist ein Schlüssel zur Unabhängigkeit. Im achten Schritt geht es daher um Ihren privaten und geschäftlichen Cashflow:

1. Woher bekommen Sie das Startgeld für Ihr *Smart Business Concept*?

2. Wie arbeiten Sie mit Geld, um unabhängig zu werden?

3. Einnahmearten und Gewinnhebel Ihres Business

Der Preis der Freiheit

Es geht in diesem Buch um Technik (wie tue ich etwas)? Aber auch um Werte (warum tue ich etwas)? An kaum einer Stelle zeigen sich die Werte so offensichtlich, wie bei der Haltung zum Geld. *Die einen haben es, die anderen nicht,* reicht als Reflektion darüber nicht aus.

Zwei private Schlüsselerlebnisse

Bei uns persönlich hat es einige Zeit gedauert, bis wir verstanden haben, dass Geld mehr ist als „Lohn", sondern eine Währung der Unabhängigkeit. Ein Schlüsselerlebnis für uns war die Aussage eines alten Unternehmensberaters. Während wir auf seinem Balkon in Hamburg saßen, sagte er: „Bei mir kam erst eine innere Ruhe, als ich genug Geld zurückgelegt hatte, um ein ganzes Jahr lang davon leben zu können. Von dem Augenblick an war ich bei Auftragsverhandlungen ruhig und konnte meinen Weg gehen." Anders gesprochen: Ab dann spürte er eine Unabhängigkeit. Ein zweites Schlüsselerlebnis war für uns zu Beginn unserer Unternehmerschaft der Moment, als in einer unserer Firmen das Geschäftskonto leer lief, weil wir zu viel in eine neue Idee investiert hatten. Es ist kein gutes Gefühl, wenn man sich fragt: Geht das gut oder nicht?

Jeder Selbstständige lernt diese Lektion: In unserer Gesellschaft wird das Leben über Geld gesteuert. Wer nicht genug davon hat, kann seine Zeit nicht frei einteilen, seinen Arbeitsort nicht selbst bestimmen und erreicht nicht das Ziel der Unabhängigkeit.

Geld ist ein sehr genauer Gradmesser, wo Sie stehen

Wenn Sie ein *Smart Business Concept* planen, sollten Sie es nicht nur wegen des Geldes tun. – Wir kennen die Gehälter von einigen Bekannten, die in Konzernen arbeiten. Das ist häufig der sicherere Weg zum Geld. – Sie sollten es wegen Ihrer Freiheit tun. Wenn das Ihr Ziel ist, müssen Sie aber mit Geld umgehen können. Denn frei sind Sie nur, wenn Ihr Konto immer Ihre Ausgaben deckt.

Verschiedene Sichtweisen

Die amerikanischen Haudegen

Werde schnell Millionär, dann lebt es sich leichter

Die US-Amerikaner haben wie immer eine einfache Antwort auf den Sachverhalt Liquidität: Werde Millionär, dann ist alles gut. Aus diesem Grunde boomt bis heute dort die Branche der „Millionärsmacher".

Wer die Biografie eines amerikanischen Selfmade-Millionärs lesen will, kann das Buch *The Millionaire Fastlane* von *MJ DeMarco* nehmen. Seine Beschreibung der „Überholspur" ist geradeheraus: Mache Deine erste Million unter 30, dann lebt es sich leichter.

Interessant: MJ DeMarco ist nicht der Überflieger, setzt auf harte Arbeit und entwickelte eine eigene Systematik, wie man ein Business aufbaut.

Ansicht zweier digitaler Nomaden

Nichtbesitz macht frei!

Felicia Hargarten und *Marcus Meurer*, Gründer der DNX, haben als Heimathafen Berlin, sind dort aber fast nie. Sie bereisen zusammen die Welt und nennen sich selbst *Digital Entrepreneurs*. Sie bloggen darüber an diversen Stellen. Auf *OneDayProfits* äußerten sie sich zu ihrem Lifestyle:

„Lerne auf alles zu verzichten, was Du nicht wirklich benötigst. Trenne Dich auf eBay oder dem Flohmarkt von allen unnötigen Klamotten. Schaffe Deine langfristigen Verträge und das Auto ab. Hör auf materielle Gegenstände anzuhäufen. Als Digitaler Nomade sammelst Du Eindrücke und Erfahrungen, die Dir niemand mehr nehmen kann. Nichtbesitz macht frei!"

Beide leben von einem Gemisch aus digitaler Projektarbeit, Blogs und Smart Business Concepts. Aufgeführt sind diese auf ihren Seiten:

feliciahargarten.com   marcusmeurer.com

Ethik, Öko, Social

Es geht also um Geld. Wie steht es aber mit unserer Umwelt und unseren Mitmenschen? Immer wieder erleben wir Menschen, die den Weg in ihre eigene Unabhängigkeit finden wollen, sich aber gleichzeitig mit dem Gedanken tragen, etwas Soziales zu tun. Sie drehen sich im Kreis und kommen nicht weiter. Eine unserer Beratungsfirmen beschäftigt sich ausschließlich mit *sozialen Geschäftsmodellen*, *gemeinnützigen Organisationen* und *Social Entrepreneurs*. Von daher haben wir relativ lange über dieses Thema nachgedacht. Hier müssen Sie klar werden.

Unsere Meinung zu den Themen Ethik, Öko, Social

Zu Beginn steht die Entscheidung, ob Sie auf eigenen Füßen stehen wollen und eigenes Vermögen wünschen. Wenn ja, sollten Sie keine gemeinnützige Organisation gründen. Ein gemeinnütziges Werk gehört der Allgemeinheit. Dies sagt schon der Name. Sie dürfen über dieses Werk kein privates Vermögen aufbauen. Wir kennen Menschen, die sozial arbeiten und beeindruckende Dinge tun. Es ist aber nicht der Weg in die finanzielle Unabhängigkeit. In unseren Augen ist dies ein Sonderweg für Menschen, die einen „inneren Weg" gehen. Vermischen Sie keine eigenen finanziellen Interessen mit einem gemeinnützigen Werk! Wenn Sie Unabhängigkeit wünschen und sozial tätig sein wollen, raten wir, dass Sie zuerst ein *Smart Business Concept* starten, zum Erfolg bringen und anschließend sozial tätig werden. Zum Beispiel über ein *Social Business*.

Für die Fortgeschrittenen und Standfesten

Im Social Business werden soziale Ziele ohne den Rahmen einer Gemeinnützigkeit über unternehmerische Konzepte verfolgt. Viele Social Entrepreneure starten ihr *Social Business* nach dem Erfolg im normalen Business. Ein Beispiel dafür ist z.B. die **Klares Licht Kampagne** von *Nicolas von Wilcke*, der sein Geschäftsmodell nach den Gedanken von *Muhammad Yunus* ausrichtete. Der erfolgreiche Designer und Lichtplaner startete Februar 2012 ein Geschäftsmodell mit dem Ziel, zur CO_2-Reduktion möglichst viele LED-Lampen möglichst schnell zu verkaufen. Der rechtliche Träger von "Klares Licht" ist die **nexplan** Gesellschaft für nachhaltige Entwicklung und Technologie mbH. Eine Gemeinnützigkeit

Beispiel

wird bei diesem Social Business nicht angestrebt. Dennoch steht die gesellschaftliche Veränderung im Vordergrund. nexplan arbeitet gemäß den Geschäftsmodell-Richtlinien von Muhammad Yunus: Gewinne verbleiben im Unternehmen und werden sofort wieder in Problemlösungen reinvestiert. www.klareslicht.de

Social Business Modelle sind etwas für Menschen, die finanziell bereits auf festem Boden stehen. Sie müssen ein *Social Business* genauso über den Break Even bringen wie jedes andere Business auch, können sich ab dann auch ein Gehalt auszahlen, setzen aber nicht auf Gewinn-Entnahme. Verwechseln Sie daher ein *Smart Business Concept* nicht mit einem *Social Business*. Das eine ist das Standbein, das andere das Spielbein.

Denken Sie nicht gering von den normalen Dingen

Wir persönlich gehen den Weg über eine normale Firma und schaffen zunächst eigenes Vermögen. Wenn Sie sich für ein eigenes Business entscheiden, entscheiden Sie sich nicht gegen Ethik. Im Gegenteil. Wir halten Ehrlichkeit für eine kaufmännische Grundtugend. Auch sollten Sie den Wert des „Normalen" nicht unterschätzen. **Etwas herzustellen und produktiv zu sein ist sozial.** Dies beginnt damit, dass Sie sich selbst ernähren und nicht vom Geld anderer Menschen leben. Jedes Business sollte heute einen ethischen, ökologischen und sozialen Fingerabdruck haben. In unseren Augen ist dies sogar ein Schlüssel zum Erfolg.

Wenn wir in die Zukunft blicken, dann können sich so gut wie alle Bereiche in Richtung Nachhaltigkeit wandeln. Ansätze wie *Ökoprofit* zeigen: Das Richtige tun und damit Geld verdienen macht am meisten Spaß. Die Geschichte von **Freitag** ist bereits oft erzählt und steht dafür exempla- **Beispiel** risch. Die Schweizer Brüder *Markus* und *Daniel Freitag* schneiderten 1993 in Zürich eine unverwüstliche und wasserdichte Umhängetasche aus alter Lastwagenplane, Fahrradschlauch und Autogurt (www.freitag.ch). Design-Recycling ohne Mitleids-Attitüde, das ankam und heute europaweit verkauft wird. Solche Querdenke ist in vielen Bereichen möglich – und erst recht bei einem *Smart Business Concept*.

Vermögen schaffen

Unter Vermögen verstehen wir alle Werte, die Ihre Unabhängigkeit sichern. Ihr Vermögen ist Ihr **persönliches Eigentum**. Verwechseln Sie nicht den Umsatz Ihres Business mit Ihrem Vermögen! Ihr Business gehört zu Ihrem Vermögen, Ihr Vermögen aber nicht zu Ihrem Business.

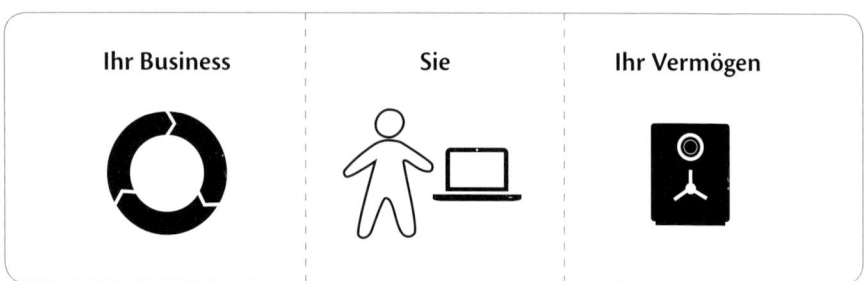

| Ihr Business | Sie | Ihr Vermögen |

Mit dem letzten Tropfen Sprit

Beispiel   Ein Coachee von uns baute über Jahre hinweg eine sehr innovative Firma im Gesundheits-Sektor auf. Er investierte jeden Euro seines privaten Geldes, entwickelte Software, stellte Personen an, setzte auf die modernsten Geräte der Branche, mietete eine repräsentative Etage im Zentrum einer Großstadt. Die Firma stand im Umsatz aber auf zu schwachen Füßen und überlebte die Finanzkrise 2009 / 2010 nicht. Das Folgeproblem: Weil alle privaten Mittel in die Firma geflossen waren, geriet unser Coachee mit der Eröffnung der Insolvenz schlagartig in existenzielle Not. Er hatte buchstäblich kein Geld mehr im Portemonnaie. Ihm gelang es schließlich aufgrund seiner großen Erfahrung eine Anstellung zu finden, bevor sein letztes Benzin im Tank verfahren war. Die Lektion, die er aus diesem Geschehen gelernt hat: Lauge die privaten Finanzen niemals komplett für eine Firmenidee aus. Behalte immer eine Reserve zurück.

Wichtig   Trennen Sie immer zwischen Ihrem Firmenvermögen und Ihrem privaten Vermögen. Geben Sie niemals alles in Ihre Geschäftsidee! Ihr Business soll Sie ernähren. Nicht umgekehrt.

Vermögensaufbau

Es gibt verschiedene Grade von finanzieller Unabhängigkeit. Auf welcher Stufe Sie sich befinden, hängt von zwei grundlegenden Parametern ab:
A – Wie viel brauchen Sie pro Monat, um glücklich zu sein?
B – Wie viel davon haben Sie durch welche Einkommen gesichert?

Stufe 1 – Einkommen gesichert

Sie können sich ernähren. Monatlich ist genug Geld da, Ihre Rechnungen zu begleichen. Ihre Langzeit-Spar-Rate ist gering. Kleine Ansparungen dienen für Urlaub oder Anschaffungen.

Stufe 2 – Rücklagen für ein Jahr

Sie haben zusätzlich genug Rücklagen, um 12 Monate ohne ein Einkommen im gleichen Lebensstil weiterzuleben, wie Sie es bisher gewohnt sind. Diese Rücklagen sind schnell verfügbar.

Stufe 3 – Altersvorsorge gesichert

Sie haben die Vermögenswerte aufgebaut, um ab Ihrem Wunschjahr mit der Arbeit aufhören zu können (bei vielen Selbstständigen ein Problem. Sie bauen nur unzureichend Vermögenswerte fürs Alter auf).

Stufe 4 – Unabhängigkeit durch laufende Geschäfte

Sie haben Geschäftsmodelle aufgebaut, die Sie auch dann mit Einkommen weiterversorgen, wenn Sie weniger arbeiten. Viele bezeichnen diesen Zustand als „finanzielle Freiheit". Angenehm.

Stufe 5 – Unabhängigkeit durch „Passive Income Streams"

Ihre Vermögenswerte arbeiten in sich und generieren ein ständiges, „passives" Einkommen. Beispiele sind Autorentantiemen, Mieteinnahmen, Dividenden, Lizenzeinnamen. Sehr angenehm.

Die Poker-Falle

Idee

Kommt das Startgeld für Ihr Smart Business Concept von der Bank?
Unternehmen können aus eigenen Mitteln wachsen (organisch) oder schnell mit Hilfe von externen Turbos wie Krediten oder Venture Capital (anorganisch). Wir raten bei einem *Smart Business Concept* zum Wachstum aus eigener Kraft. Viele Unternehmer laufen mit einer neuen Geschäftsidee in die Poker-Falle. Sie lassen sich von anderen sagen, dass nur ein großer Start erfolgreich ist, und setzen alles auf eine Karte. Dann gehen sie den Weg: Idee – Fremdfinanzierung – Umsetzung – Expansion. Ob das Blatt aber sticht, wissen Sie erst sehr spät. Häufig zu spät.

—→ **erzeugt Stress**

Stress-Linie 1:
Bekomme ich Geld?

die Firma wird ein Stressmotor

Fremdfinanzierung

—→ **birgt ein hohes Insolvenz-Risiko**

Umsetzung

Stress-Linie 2:
Kann der Kredit oder die Planzahlen bedient werden?

—→ **und führt in den Verlust der Unabhängigkeit**

Das Unternehmen wird immer komplexer. Sie stehen als Inhaber in vielen Abhängigkeiten und unkündbaren Verträgen. *Wichtig:* Haben Sie Investoren an Bord, können Sie Ihre Firma nicht mehr alleine steuern.

Expansion

Entwicklung einer klassischen Geschäftsidee

Geht mit klassischen Fragen in die Entwicklung und verschuldet sich

Geschäftsidee = Traum, Innovation oder Gelegenheit

▶ Sich einen Traum erfüllen. Technische Erfindung. Hobbyidee.

▶ Suche startet im Markt oder bei einer Produktidee.

Folge   Die Idee kann gut sein, sie verschlingt aber in der Regel das private Leben.

Bekanntes Geschäftsmodell übernehmen

▶ Standortanalyse, Konkurrenzanalyse, Benchmarking.

▶ Orientierung am Standard in der Branche.

▶ Zahlen für die Bank so aufbereiten, wie andere Firmen rechnen.

Denkfehler: Thinking in the Box. Bekannte Muster werden nicht verlassen.

Partner und Kredit besorgen und investieren

▶ Business Case schreiben. Geschäftspartner suchen.

▶ Eine Bank oder einen Risikokapitalgeber von der Idee überzeugen.

▶ Schulden aufnehmen. Das geliehene Geld investieren.

Folge   Firma ist abhängig + verschuldet, bevor sie einen Euro Umsatz gemacht hat.

Produkt auf den Markt bringen

▶ Das Angebot / Produkt wird klassisch auf den Markt gebracht.

▶ Es werden in der Regel klassische Vertriebswege genutzt.

▶ Es wird viel Geld für klassisches Marketing benötigt.

Problem   Erst jetzt stellt sich heraus, ob die Idee überhaupt angenommen wird.

Das Sortiment wird erweitert

▶ Es werden immer mehr Produkte entwickelt.

▶ Ziel ist die Expansion in die Breite.

▶ Dafür wird immer mehr Raum, Personal und Equipment gebraucht.

Folge   Die Firma wird immer komplexer.

Ein Smart Business Concept erhält die Freiheit

Viele Gedanken in die Idee investieren – Geld sparsam einsetzen

Ein *Smart Business Concept* geht von Anfang an anders mit Finanzen und Vermögenswerten um. Es spart sich komplett die Fremdfinanzierung. Sie achten auf ein leichtes Gepäck und finanzieren aus eigener Hand (Bootstrapping). Wenn Sie bereits Vermögen dafür haben - freuen Sie sich. Wenn nicht, arbeiten Sie mit der Langlauf-Technik (siehe S.196).

Ziele stecken,
die die richtige
Wirkung im eige-
nen Leben haben

Idee

Selbstfinanzierung

Bootstrapping
Arbeit mit Cash Flow

die Firma wird ein Freiheitsmotor

Umsetzung

Umsetzung in einem
gleitenden Prozess.
Testen. Prototypen.

In jeder weiteren
Wachstumsrunde
bleibt die Freiheit
erhalten

Entwicklung eines Smart Business Concept

Stellt von Anfang an andere Fragen – kommt zu anderen Lösungen

Smart sein – festlegen, was ich persönlich will

▶ Smart sein beginnt im Kopf: Den Blick weiten, Fixierungen auflösen.

▶ Klären Sie Ihr Warum: Was ist Ihnen wichtig?

▶ Keine Kompromisse bei den persönlich wichtigen Zielen!

Folge — Die meisten Ideen kommen von Anfang an nicht in Frage.
Ihr Gehirn ist mit Ihrem „Einkaufszettel" (klarem Fokus) auf der Suche.

Geschäftsmodell aussuchen – vom Prozess her denken

▶ Geschäftsmuster kennen – Prozessketten modellieren.

▶ Was kann ich anbieten, ohne in den Kernprozess involviert zu sein?

Haltung — Entrepreneure organisieren Lösungen. Sie lösen nicht selbst.

Ausgangspunkt suchen – bis zur konkreten Idee

▶ Eine Stärke von Ihnen

▶ Ein starkes Grundbedürfnis

▶ Ein adressierbares Problem

▶ Einen guten Marktzugang

▶ Eine sichere Ressource

▶ Einen Funktionsbaustein

Wichtig — Es geht nicht darum, etwas zu erfinden. Es geht darum, etwas Funktionierendes zu entdecken. Die Geschäftsidee besteht aus einem WOW!-Angebot.

Geschwindigkeit machen – auf den Markt bringen

▶ Wie können Sie schnell anbieten, ohne an Qualität zu sparen?

▶ Wie können Sie möglichst schnell einen ersten Prototypen erstellen?

Handeln — Idee zu Beginn schlank halten – Faustformel: 12 Monate bis zum Prototyp.

Anpassen – immer smarter werden

▶ Vereinfachen, eliminieren, optimieren. Stärken immer stärker machen.

▶ Pareto-Regel: Sich auf die 20 Prozent konzentrieren, die den Erfolg bringen.

Folge — Alle Freiheit haben, sich weiter zu entwickeln, laufen zu lassen oder zu verkaufen.

Mit welchem Geld starten Sie Ihr Smart Business Concept?

Es gibt verschiedene Wege, Startkapital ohne eine Bank zu sammeln:

Sparen Sie an

- legen Sie monatlich Beträge auf ein Projekt-Konto
- rechnen Sie aus, wie viel Sie pro Monat zurücklegen müssen
- halten Sie diese Linie eisern ein
- erfolgreiche Menschen bündeln Gelder zur richtigen Zeit

Senken Sie Ihren Lebensstandard

- verzichten Sie auf unnötige Fixkosten und Statussymbole
- reduzieren Sie, wo Sie können
- verkaufen Sie Dinge, die Sie ohnehin nicht brauchen

Holen Sie sich Zusatzaufträge

- sichern Sie sich Zusatzaufträge, die Liquidität bringen

Gebrauchen Sie Anschaffungen lange

- Sie brauchen nicht ständig neue Maschinen / Software
- wichtiger ist die Auslastung, wie viele Jahre ist etwas produktiv?

PRAXIS TIPP   Der Freunde-Turbo

Müssen Sie sich alles zu Beginn kaufen? Nein. Viele der Maschinen, Möbel, Werkzeuge, die Sie brauchen, stehen an anderer Stelle ungenutzt herum. Bekannte von uns starteten ihr Institut mit dem Aufruf: *Schenkt und leiht uns, was Ihr könnt!* Sie bekamen innerhalb weniger Tage die komplette Ausstattung für ein Lehrinstitut geschenkt oder als Dauerleihgabe gestellt. Das sparte Tausende von Euros und schont die Umwelt. Und keine Angst: Sie bekommen richtig gute Sachen angeboten. Geld leihen von privat geht auch. Wir raten aber bei Geld zur Vorsicht: Nur von Menschen, die es gerne geben, und wenn Sie es auch zurückzahlen können.

Die Vermögensverwaltung eines Entrepreneurs

Vermögen aufzubauen und zu bewahren ist eine zentrale Voraussetzung für Unabhängigkeit. Unser Tipp: Geben Sie Ihr Geld nicht einfach einer Bank und auch keinem Vermögensverwalter. Entwickeln Sie ein eigenes System, wie Sie Vermögen erhalten und mehren. Holen Sie externe Profis nur dann dazu, wenn Sie wissen, wie und was Sie erreichen wollen.

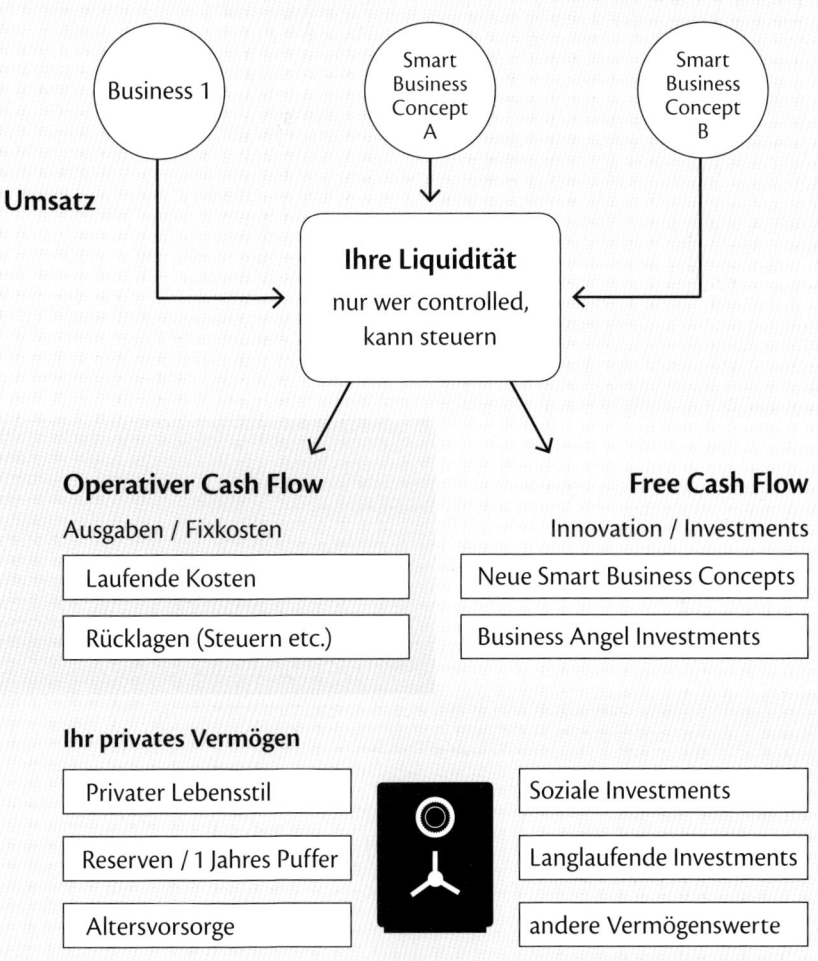

Fünf smarte Revenue-Streams

Fast am Ende dieses Buches kommen wir zu einem Punkt, bei dem eine Reihe von Business Modell Experten gleich zu Beginn starten würden:

Wie verdienen Sie eigentlich das Geld?

Eine gute Orientierung gibt das Buch *Simply Seven* von Erik Schlie, Jörg Rheinboldt und Niko Marcel Waesche. Sie sagen: Es gibt online nur 7 Arten, wie Sie Geld verdienen:

●	1 Auftragserlöse	Bezahlung pro abgeschlossenen Auftrag.
●	2 Nutzungsgebühren	Abo, Gebühr pro Monat / fester Zeitraum. Membership-Zone, Miete von SAAS Tools.
●	3 Verkaufserlöse	Bezahlung eines festen Preises für den Einmalkauf eines Produktes (Retail).
●	4 Vermittlungsgebühren	Beteiligung an einer Transaktion, die andere untereinander tätigen.
	5 Werbeeinnahmen	Geld für das Zeigen von Anzeigen.
●	6 Lizenzeinnahmen	Geld für die Nutzung einer Sache / Rechte. Lizenzen für Software / Musik / Marken.
	7 Finanzgebühren	Geld für das Management von Geldern. Kreditkartenfirmen, Payment, Banken.

Werbung funktioniert nur bei hohem Traffic. Punkt 4, Einnahmen aus der Vermittlung von Produkten anderer (z.B. Affiliate-Provisionen), spielen dagegen eine wachsende Rolle. Finanzgebühren zu erheben, benötigt meist eine Banklizenz. Damit bleiben für ein Smart Business Concept *fünf Einnahmearten*, die gut funktionieren. Mit welcher Einnahmeart wird im Netz zur Zeit am meisten Geld verdient? Es sind die *Verkaufserlöse*. Bedingt durch die steigenden Verkäufe über Online-Shops.

Das müssen Sie wissen

- Was ist Ihr Haupteinnahmestrang?
- Wofür bezahlen Ihre Kunden?
- Wie und wann bezahlen Ihre Kunden?

Wie skalieren Sie?

Ein Ziel eines Smart Business Concepts ist die *Skalierung*. Nur wenn Ihr Angebot sich skalieren lässt, entkoppelt sich die Höhe der Einnahmen von der von Ihnen aufgewendeten Arbeitszeit. Die Skalierung ist aber nicht der alles entscheidende Punkt. Wenn Sie Büroklammern herstellen, können Sie schnell auf hohe Stückzahlen kommen. Skalierung alleine sagt noch nichts über den Gewinn! Entscheidend ist nicht Ihr Umsatz, sondern Ihr Nettogewinn.

GEWINNHEBEL	Greift über drei Ebenen
Für ein ertragreiches Geschäftsmodell haben Sie drei Ebenen, auf denen Sie Ihren *Gewinnhebel* ansetzen können:	
die *Marge* pro Stück	Ihr Gewinn pro Aktion (Nettoerlös)
die *Stückzahl*	Anzahl der Abschlüsse / Verkäufe
die *Region*	regional / Land / Europa / weltweit

Achten Sie auf alle drei Faktoren

Wenn Sie alle drei Hebel einsetzen – Sie haben eine hohe Marge bei einer hohen Stückzahl weltweit – haben Sie den größten Gewinn. Um Ihren Gewinnhebel richtig zu setzen, müssen Sie Ihre eigene Skalierung richtig einschätzen. Viele Start-ups favorisieren sogenannte *Freemium-Modelle*: Sie verschenken eine Leistung, um dann eine andere Leistung on Top zu verkaufen. Das funktioniert nur, wenn Sie eine hohe Reichweite haben. Haben Sie diese nicht oder können Sie diese nur über teures Marketing erreichen, arbeiten Sie sich lieber mit kleinen Stückzahlen nach oben. Dann brauchen Sie einen hohen Nettoerlös pro Aktion.

Faustformel

Bevor Sie glauben hohe Stückzahlen mit geringer Marge erreichen zu können, rechnen Sie mit kleinen Stückzahlen und einer hohen Marge!

Fahrstühle des Erfolges

Sie haben Ihr Geschäftmodell stehen. Es ist ein skalierbares Angebot. Mit Ihrer eigenen Kraft (vorhandene Zeit, vorhandenes Geld) schaffen Sie nur eine bestimmte Reichweite. Wenn Sie den Gewinnhebel richtig gesetzt haben, würde jeder weitere Verkauf Ihnen mehr Gewinn bringen.

Dann brauchen Sie nur noch ein oder zwei Fahrstühle des Erfolges:

- Wer würde Sie promoten, den Sie dafür nicht bezahlen müssen?
- Welcher Partner erhöht Ihre Reichweite?
- Wie kommen Sie auf einen neuen Markt (neue Region / Branche)?

Unser Rat: Suchen Sie gezielt nach ein, zwei Fahrstühlen für Ihr Angebot. Trauen Sie sich ruhig, auf große Partner zuzugehen. Tun Sie dies allerdings erst, wenn Ihr Angebot fertig ist und Sie bei einer Zusage liefern können.

Solopreneur, Geld und Mindset

Ein Solopreneur arbeitet für seine Unabhängigkeit. Um unabhängig zu sein, müssen Sie mit Geld umgehen können. Wie Sie Ihr Geld einsetzen, ist eine Frage der Werte. Wir werden Ihnen keine Werte vorschreiben. Sicher sind wir uns: Eine vernetzte, arbeitsteilige Gesellschaft funktioniert nur, wenn alle Umwelt, Geld und Arbeit schätzen und sorgsam damit umgehen. Jeder lebt von vielen Leistungen, die andere erbringen. Zum Ausgleich bringen alle etwas in den Markt ein, das für andere wichtig und wertvoll ist. Zentrale Säulen der freien Marktwirtschaft sind:

- Schutz des persönlichen Eigentums
- Freier Marktzugang aller Teilnehmer
- Ehrlichkeit der Teilnehmer
- Geld als verlässliche Tausch-Währung

Die *soziale Marktwirtschaft* ist eine deutsche Innovation, die im freien Spiel der Kräfte ausgleichend wirkt. Unser Land ist nicht der schlechteste Ort, um faires Business zu starten. Wir sollten aber dafür eintreten, dass Gerechtigkeit und Erfolg gleichermaßen in Zukunft möglich bleibt.

Smarte Fragen – Zusammenfassung

- Haben Sie eine gesunde Einstellung zu Geld?
- Kennen Sie Ihre Werte? Warum wollen Sie Geld?
- Was ist Ihnen Ihre Freiheit wert?
- Haben Sie einen Plan, wie Sie Ihren Start selbst finanzieren?
- Haben Sie ein System, privates Vermögen zu schaffen?
- Haben Sie eine Vermögensplanung?
- Was ist Ihr Revenue-Stream (Ihre Haupteinnahmeart)?
- Wie setzen Sie Ihren Gewinnhebel an?
- Setzen Sie auf ein Niedrigpreisprodukt oder auf ein Hochpreisprodukt?
- Wer kann für Sie ein Fahrstuhl zum Erfolg sein?

Tipps zur Weiterarbeit am Thema Geld und Vermögen

- Arbeiten Sie immer mit Reserven.
  Lieber kleinere Idee und genug Geld, um Unerwartetes abzufangen.
- Fragen Sie vor jeder Ausgabe, ob Sie dies wirklich brauchen.
- Versuchen Sie eine Sparrate von min. 10 % einzuhalten.
  Damit ist Geld gemeint, das in Ihren Vermögensstock geht.

Warum wir Business Angel wurden

- Wenn Sie genug Reserven haben und das Grundlegende funktioniert, warum investieren Sie nicht direkt in andere Menschen und Ideen? Wir investieren einen Teil unseres Geldes in Start-ups und Ideen anderer. Das finden wir viel spannender, als es in den Tresor zu legen.

*Wenn Sie das Gefühl haben, dass die 24 Stunden
eines Tages nicht für die ganzen Aktionen reichen,
die Sie tun müssen - dann liegt das nicht daran,
dass der Tag zu wenig Stunden hat, sondern dass
Sie zu viele Aktivitäten haben.*

Werner Tiki Küstenmacher in „Simplify your life"

*Nur wenige Manager analysieren, wie sie ihre Zeit
verbringen. Es gibt einen großen Unterschied zwischen
ihrer Vorstellung, wie sie ihre Zeit verbracht haben
und der Realität. (...) Eine der ersten Dinge, (...) ist
Ihre Zeit zu analysieren und zu erkennen, worauf
es wirklich ankommt.*

C. N. Parkinson in seinen 196 respektlosen
Anmerkungen für unternehmerischen Erfolg

TUN !

Eugen Simon, Trainer und Coach

Schritt 9

9 Von Anfang an smart mit seiner Zeit umgehen

Richtig planen und fokussiert arbeiten

Wer unabhängig ist, kann seine Zeit frei gestalten.

Umgekehrt: Ist Ihre Zeit von zu vielen Dingen belegt, bleibt kein Raum für Unabhängigkeit. Weil Zeit so kostbar ist - privat wie geschäftlich - dreht sich der neunte Schritt zu Ihrem *Smart Business Concept* um Ihre Zeit und um eine gute Planung. Oder anders gesagt: Ihr Weg zum Erfolg besteht aus vier wesentlichen Elementen:

Verschriften, Verdichten, Planen, Testen.

Alles sofort?

Die Sache mit der Zeit

„Drei Jahre? Das ist mir viel zu lange. Ich möchte schneller raus!" Das ist die spontane Reaktion einer Abteilungsleiterin, nachdem sie uns ihre Idee geschildert hatte und uns fragte, wie lange sie wohl brauchen würde, um sich damit unabhängig zu machen.

Wir antworten auf diese Frage inzwischen pauschal: „Es dauert drei Jahre, um ein *Smart Business Concept* aufzubauen." Diese Antwort ist auf der einen Seite falsch, da es auf Ihre Idee ankommt. Auf der anderen Seite ist es erstaunlich: Sie werden vermutlich tatsächlich ca. drei Jahre brauchen, bis Ihre Idee steht. Zumindest empfehlen wir Ihnen diese Zeitspanne. Planen Sie so. Drei Jahre von der Idee bis zum laufenden Betrieb ist schnell! Vor allem, wenn der Prototyp im ersten Jahr fertig werden sollte (siehe dazu nächste Seite).

Ungeduld hilft nicht

Es ist schon interessant. Wir erleben es bei unseren Coachees und auch bei uns selbst immer wieder: Jahrelang hat man einen speziellen Lebensstil geduldet, aufgebaut und nicht hinterfragt. Sieht man dann die offene Tür, möchte man am liebsten sofort alles stehen und liegen lassen.

In der Realität braucht es von der Idee bis zur Umsetzung seine Zeit:

- Die meisten innovativen Menschen haben bereits ein „volles" Leben
- Die neue Idee beansprucht zusätzliche Zeit
- Die neue Idee muss ausgearbeitet und umgesetzt werden:
  Wer zu schnell handelt, übersieht Dinge. Es lohnt sich, der Sache auf den Grund zu gehen und Ideen zu formen, bis sie stimmen.
- Der bisherige Beruf oder andere Projekte verlangen Aufmerksamkeit
- Der Partner, die Familie braucht Zeit
- Das Leben spielt anders als man denkt

Realistisch schnell sein

Als wir 2000 in Hamburg in der New Economy unseren Internet-Start-up umsetzten, herrschte „Zuckerberg-Fieber". Alle hatten Angst, mit ihrer Idee zu spät zu kommen. „Wer zuerst da ist, macht das Rennen". Es wurden Geschäftspläne geschrieben, die einen Break Even innerhalb von einem Jahr einrechneten, Vorbereitungszeiten von 3 bis 6 Monaten von komplexen Geschäftsmodellen wurden einfach verlangt. Viele arbeiteten ganze Nächte durch. Überall war der Traum vom großen Durchbruch.

Wir erinnern uns an eine gespenstische Szene eines Start-ups, angeschoben von einem großen Verlag in Hamburg. Es sollte ein Internet-Supertanker sein. Wir hatten einen Gesprächstermin mit den Geschäftsführern und kamen auf eine Etage voller leerer Schreibtische. Über 100 Mitarbeiter waren geplant. Man hatte schon einmal die Arbeitsplätze aufgestellt. Auf jedem Tisch stand eine neue Ikea-Schreibtischlampe (die, die damals alle hatten ...). Das Geschäftsmodell stand dafür noch nicht, aber es gab eine Reihe hipper Ideen. Als wir diese „Geisteretage" verließen, hatten wir ein schlechtes Gefühl im Bauch. Wir könnten den Namen dieses Start-ups nennen, er würde Ihnen aber nichts sagen, da er nie operativ tätig wurde. Das ganze Unternehmen wurde später sang- und klanglos eingestellt.

Die Lehre aus solchen Erlebnissen:

- Gehen Sie zügig ans Werk
- Nutzen Sie Ihre kostbare Zeit
- Bleiben Sie kontinuierlich am Ball
  ABER:
- Überschätzen Sie sich nicht, fangen Sie klein an
- Gehen Sie einen Schritt nach dem anderen
- Planen Sie etwas mehr Zeit ein – halten Sie den Plan aber ein!
- Das Ankommen zählt

Von Anfang an smart mit seiner Zeit umgehen

Sie haben Ihre Idee. Wie wird sie Wirklichkeit?

Die Umsetzung Ihrer Idee beginnt mit der Entscheidung, wie viel Zeit Sie zur Umsetzung Ihres *Smart Business Concepts* freistellen. Wir erleben bei unseren eigenen Ideen und im Coaching anderer: Der Alltag ist übervoll. Mann lässt anderen Dingen die Vorfahrt. Ehe Sie sich versehen sind Monate vergangen. Die neue Idee ist in der Mitte der Umsetzung stecken geblieben und hat eine Staubschicht angesetzt.

WICHTIG In 12 Monaten bis zum ersten Prototyp

Wenn Sie Ihre Geschäftsidee gefunden haben, halten Sie sie so klein, dass Sie sie in 12 Monaten bis zu einem ersten Prototypen bringen können. Arbeiten Sie ständig und konsequent jede Woche einige Stunden daran. Ein Prototyp ist ein erstes Ergebnis, bei dem Sie Ihr Angebot / Produkt wirklich zeigen können. Sie halten ein Pilot-Seminar, demonstrieren zum ersten Mal Ihr Produkt etc.

Smart planen

Um eine Idee am Laufen zu halten, müssen Sie zwei Dinge tun: Arbeiten Sie strukturiert (Planung) und setzen Sie Zeit frei (Zeiträuber entfernen).

Schreiben Sie Gedanken und Ziele auf!

• Planen und schreiben Sie Ihre Ziele auf
• Selbst geniale Gedanken werden vergessen
• Sichern Sie Ihre Gedanken durch Notizen
• Verdichten Sie Ideen durch Überarbeitung

Wer Ziele aufschreibt, ist erfolgreicher

• Arbeiten Sie mit einem klaren, übersichtlichen Maßnahmenplan
• Wir empfehlen 90-Tage-Blöcke (= 3 Monate = 1 Quartal)
• Jedes Jahr hat vier Quartale (Q1 bis Q4) mit eigenen Zielen
• Die nächsten 90 Tage sollten immer klar strukturiert sein

Zeitdiebe und Energiefresser entfernen

Bekommen Sie heraus, an welchen Stellen Sie Energie und Zeit verlieren. So wie Sie die Gebäudehülle eines Hauses mit einer Wärmekamera aufnehmen, um die „Energielöcher" zu finden, so werfen Sie einen Blick auf Ihr Leben: Was muss raus, damit das Neue hinein kann?

Was sind Ihre Zeitdiebe?

- Fernsehen? Telefonitis (Telefongespräche länger als 15 Min.)?
- E-Mails, Facebook, Twitter, Computer-Spiele?
- Perfektionismus, Grübelei, Unentschlossenheit?
- Regelmäßige Verpflichtungen (Beziehungen), die sich überholt haben?
- Fahrzeiten, im Stau stehen etc.?

Was oder wer sind Ihre Energiefresser?

- Der nette Kollege? Die beste Freundin? Die Schwiegereltern?
- Welcher Kunde etc.?

Energielöcher umgehen

Kennen Sie diese Situation: Sie sind eigentlich guter Stimmung. Dann sprechen Sie mit einem bestimmten Menschen. Danach fühlen Sie sich lustlos und ausgelaugt. Es gibt Menschen, die einen hohen Energiebedarf haben und diesen bei ihren Mitmenschen abziehen. Gleiches gilt für Lebensmittel. Meiden Sie Dinge, die Ihre Energie nach unten ziehen.

Meiden Sie:

- Kollegiales „Gequatsche", Gerüchte, negative Neuigkeiten verbreiten
- Die schlechte Stimmung anderer Menschen
- Schlechte Ernährung und schlechte Getränke (Energiefresser)

Hören Sie mit vielem einfach auf. Sagen Sie: Nein!
Sie werden sehen: Ein bis zwei Stunden Zeit für die Idee,
die Ihnen Ihre Unabhängigkeit bringt, sind immer drin!

Das Langlauf-Modell

Wie viel schaffen Sie? Das hängt davon ab, womit Sie Ihren Lebensunterhalt verdienen, während Sie Ihr neues *Smart Business Concept* entwickeln. Starten Sie ein *Smart Business Concept*, wenn möglich, aus einer Position der Sicherheit. Wie ein Ski-Langläufer ziehen Sie das eine Bein am anderen vorbei. Dies bedeutet: Sie haben immer zwei Bereiche, in denen Sie präsent sind: Der eine trägt Sie, den anderen bauen Sie parallel auf.

Gleitender Übergang

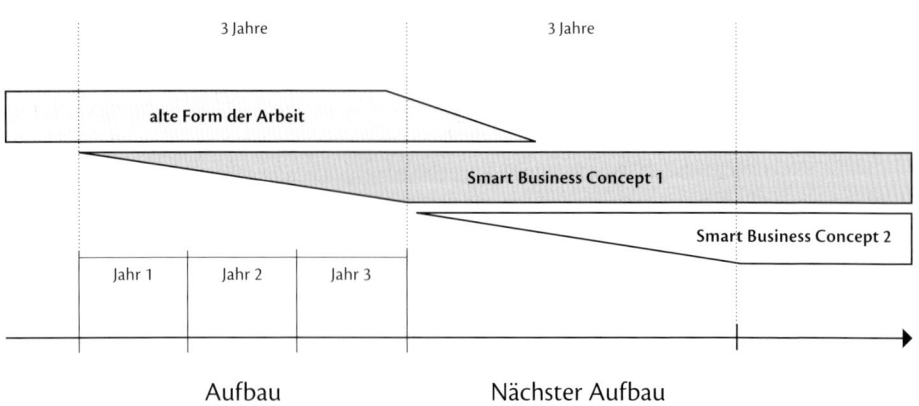

Finden Sie die Mitte zwischen Über- und Unterplanung. Die Deutschen neigen zum theoretischen Perfektionismus. Die Praxis entscheidet aber das Spiel. Handeln Sie also! Planen Sie die Entwicklung nicht zu kurz und auch nicht zu lang. 1 Jahr ist zu kurz, 5 Jahre zu lang. Wir empfehlen 3 Jahre. Bauen Sie schnellstmöglich erste Prototypen und entwickeln dann das Konzept ständig weiter.

Jahr 1

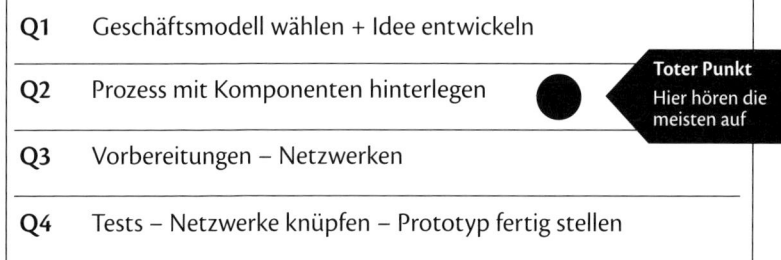

Q1	Geschäftsmodell wählen + Idee entwickeln
Q2	Prozess mit Komponenten hinterlegen
Q3	Vorbereitungen – Netzwerken
Q4	Tests – Netzwerke knüpfen – Prototyp fertig stellen

Toter Punkt
Hier hören die meisten auf

Jahr 2

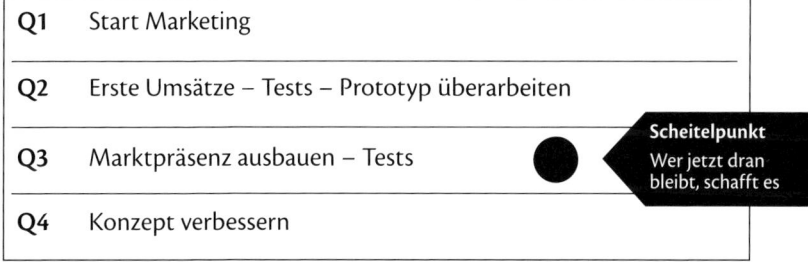

Q1	Start Marketing
Q2	Erste Umsätze – Tests – Prototyp überarbeiten
Q3	Marktpräsenz ausbauen – Tests
Q4	Konzept verbessern

Scheitelpunkt
Wer jetzt dran bleibt, schafft es

Jahr 3

Weiterentwicklung – Ausbau

Halten Sie Ihr Smart Business Concept zunächst klein und einfach, um es zügig zu starten. Es sollte aber skalierfähig sein (Wachstum möglich).

Der Zeit-Motor

Warum steht das Kapitel Zeit hinter den „Finanzen"?

Weil Ihre Zeit für den Erfolg Ihres *Smart Business Concepts* und für Ihre Unabhängigkeit noch wichtiger ist als Geld. Zeit ist der entscheidende Treiber für die Entwicklung Ihres *Smart Business Concepts*.

Die meisten Ideen werden niemals umgesetzt,
weil wir dem Alltag die Vorfahrt lassen.

Aus diesem Grund zeigen wir Ihnen am Ende unseres Programms ein Vorgehen, das wir selbst mit wachsendem Erfolg praktizieren: Die Arbeit mit *Fokus-Zeiten*. Es gibt eine ganze Reihe von Organisationshilfen im sog. Zeitmanagement. Die Fokus-Zeiten sind aber der echte Unterschied. Durch Fokus-Zeiten werfen Sie einen Zeit-Motor an, der Ihnen die zwei Stunden pro Tag bringt, die Sie brauchen, um Ihr *Smart Business Concept* rund zu machen.

Beispiel *Ehrenfried Conta Gromberg:* „Immer wenn ich ein neues Manuskript schreibe, nehme ich mir für einen bestimmten Zeitraum jeden Vormittag die ersten zwei Stunden des Tages. Ich gehe dazu in meinen kreativen Raum (unser Home-Office) und lasse keine anderen Störungen an mich heran. Ich starte also meinen Tag mit einer konzentrierten, entspannten Fokus-Einheit. Diesen Start in den Tag kann ich nur jedem empfehlen."

WICHTIG   Ihre Anzahl der Fokus-Einheiten

Um Ihren Zeitmotor zu starten, planen Sie Ihre Fokus-Einheiten.
- Wo können Sie Zeit für Ihre Fokus-Einheiten freihalten?
- Wie viele Fokus-Einheiten von 2 Stunden schaffen Sie
  pro Woche?
  pro Monat?
- Wie viele Einheiten planen Sie für Ihr *Smart Business Concept*?

Fokus-Zeiten, neue Zeit gewinnen

Produktiver werden durch Fokus-Zeiten

- Vorbereitung am Tag vorher (On-Ramp ist gelegt)
- Keine E-Mails oder anderes vor der Fokus-Zeit!
- Sofort ungestört ins Thema gehen (On-Ramp nutzen)
- 60 Min. Fokus – 5 Min. Pause – 60 Min. Fokus
- Es werden K E I N E Störungen zugelassen (Abschottung)
- Ergebnis: 2 Stunden fokussierte Arbeit
- Sie schaffen in dieser Zeit das Doppelte als sonst!
- Abschluss ist die Off-Ramp = Die Vorbereitung für die nächste Einheit
- Sortieren, Ergebnisse festhalten, anderes löschen
- Letzter Akt: Ein Vermerk, an welchem Punkt Sie wieder einsteigen wollen, was der nächste Schritt ist (= die On-Ramp legen)

Der Zeit-Motor braucht eine Zone der Ruhe. Um dies zu schaffen, hören Sie auf, für jeden auf jedem Kanal erreichbar zu sein.

Halten Sie es aus, wenn jemand sich beschwert, dass „Sie nicht erreichbar waren". Das ist gut so. Bestimmen Sie, wer Sie erreicht.

So können Sie Zeit neu freisetzen

- Sehen Sie kein Fernsehen mehr und gehen Sie rechtzeitig schlafen
- Stehen Sie dafür 1 Stunde früher auf und fangen 1 Stunde später mit Ihrer normalen Arbeit an – das sind 2 Stunden mehr am Tag
- Arbeiten Sie mit Fokus-Zeiten (das bringt die neuen Zeitreserven)

Nicht fahren – telefonieren

- Vermeiden Sie, wenn möglich, persönliche Treffen
- Telefonieren Sie kurz und konzentriert mit Partnern
- Wo möglich, setzen Sie Telefonkonferenzen an
  (In Zukunft werden auch Videokonferenzen eine Rolle spielen)

Schaffen Sie, wo Sie können, Ruheräume für Ihre Fokus-Zeiten.

So schaffen Sie Ihr kreatives Feld für die Fokus-Einheiten

Kommen wir auf Ihren kreativen Raum aus Kapitel 2 zurück. Wichtiger als der Raum an sich ist die Zeit, die Sie in diesem Raum verbringen. Fangen Sie so oder so sofort mit Ihren Fokus-Einheiten an. Zu Beginn reicht eine stille Ecke in Ihrer Wohnung. Ab dann bauen Sie Stück für Stück Ihre kreative Arbeit aus. Wenn Sie regelmäßig in Ihr kreatives Feld gehen, bringt dies Ihr Business voran und damit Ihre Unabhängigkeit.

Umgebung prägt Gedanken

Ihr kreativer Raum kann ein fester Platz sein, an dem Sie besonders gut entspannen und arbeiten. Ihr „Raum" kann aber auch aus einem Wochenende an einem entlegenen Ort oder einem Vormittag im Coffee-Shop um die Ecke bestehen. Wichtig ist: Schaffen Sie sich Zeitblöcke und gehen Sie zur Ideensuche in kreative Zonen. Solopreneure brauchen Selbstdisziplin.

Steuern durch die Art der Fragen

Es geht bei Kreativität um die Qualität der Impulse. *Kevin Coyne, Patricia Gorman Clifford* und *Renée Dye* – alle drei Berater, die leitende Positionen bei McKinsey innehatten – begründeten, warum klassische Brainstormings nicht funktionieren.

- die Fragestellungen sind viel zu offen
- die Fragestellungen sind nicht radikal und eindeutig genug

Gehen Sie also nicht in Ihren kreativen Raum, ohne die Frage zu kennen, die Sie lösen wollen. Seien Sie nicht einfach „kreativ". Ungeschulte Gruppen schaffen keine guten Ergebnisse, weil sie nicht die Disziplin haben, an einer Frage dran zu bleiben. Solo können Sie das exakt steuern:

Sie können Ihre kreativen Slots zum Beispiel mit jeweils drei smarten Fragen aus diesem Buch beginnen. Hängen Sie sich diese Fragen sichtbar auf und kommen Sie in der ganzen Zeit immer wieder darauf zurück, bis Sie ein Ergebnis erarbeitet haben.

Gehen Sie min. 4 x pro Woche in Ihren kreativen Raum

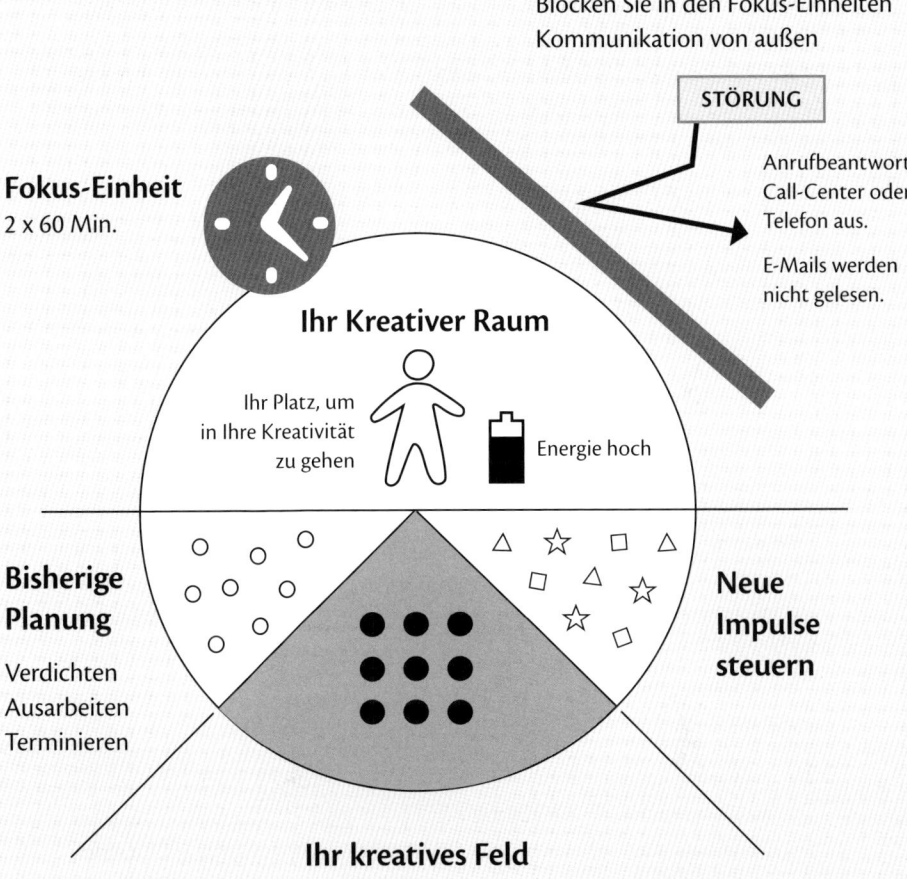

Blocken Sie in den Fokus-Einheiten
Kommunikation von außen

STÖRUNG

Fokus-Einheit
2 x 60 Min.

Anrufbeantworter,
Call-Center oder
Telefon aus.

E-Mails werden
nicht gelesen.

Ihr Kreativer Raum

Ihr Platz, um
in Ihre Kreativität
zu gehen

Energie hoch

**Bisherige
Planung**

Verdichten
Ausarbeiten
Terminieren

**Neue
Impulse
steuern**

Ihr kreatives Feld

- Identifizieren Sie einen kreativen Raum, der Sie inspiriert
- Schaffen Sie eine kreative Ordnung, in der Sie Ergebnisse erzielen
- Bauen Sie regelmäßig konzentrierte, kreative Felder auf
- Schützen Sie Ihren kreativen Raum und steuern Sie Impulse

Ab wann holen Sie andere dazu?

Wen lassen Sie noch in Ihren kreativen Raum?

Sind Sie in Ihrem kreativen Raum eigentlich alleine? Für die grundlegenden Phasen empfehlen wir die persönliche Arbeit. Denn es geht um eine Idee, die Ihren Zielen entspricht. Dies reicht aber nicht aus. Und damit kommen wir zu einem Paradox.

> **ACHTUNG** Das kreative Paradox
>
> Es ist wissenschaftlich belegt: Je mehr Sie mit anderen Menschen austauschen, um so bessere Lösungen entwickeln Sie. Das Problem dabei: Je mehr Sie mit anderen austauschen, um so weniger werden Sie mit Ihrer Arbeit fertig. Wer schon einmal aus einem Team-Meeting mit 1.000 Ideen aber keinem Ergebnis rausgekommen ist, weiß, wovon wir sprechen. Wie gehen Sie damit um?

Ihre Idee ist keine Team-Arbeit. Es ist Ihre Arbeit

Sie brauchen andere Menschen, um neue Impulse zu bekommen. Aber nicht jede Art der Kommunikation und nicht jeder Mensch verbessern Ihre Ergebnisse (Stichwort Energieräuber). Lassen Sie daher nicht jeden in Ihren kreativen Raum. In anderen beruflichen Kontexten müssen Sie „teamfähig" sein. Bei Ihrem *Smart Business Concept* nur insofern, als Sie gezielt mit Partnern arbeiten, mit denen Sie zusammenarbeiten wollen.

Unser Tipp

Holen Sie sich zum Austausch die Besten. Und diese haben kein großes Ego und können zuhören. Natürlich führen Sie Gespräche, natürlich recherchieren Sie – aber zeigen Sie nicht jedem sofort Ihre Idee. Lassen Sie dieser zu Beginn etwas persönliche Zeit zum Atmen. An Ihrer Stelle würden wir eine gute Strecke alleine vorspuren und dann gezielt die halb fertige Idee Menschen zeigen, die in der Lage sind, Feedback zu geben.

Smarte Fragen – Zusammenfassung

- Ihre Zeit ist Ihr kostbarstes Gut und entscheidet über Vorankommen
- An welcher Stelle Ihres Tages können Sie Fokus-Einheiten einführen?
- Wie regelmäßig können Sie in Ihren kreativen Raum gehen?
- Teilen Sie dazu Ihre Geschäftsentwicklung in einzelne Slots auf
- Starten Sie jeden Slot mit einer konkreten, eindeutigen Fragestellung

Tipps zur Weiterarbeit am Thema Zeit

- Notieren Sie Ihre Zeiten auch in der kreativen, freien Arbeit.
- Nutzen Sie dazu entweder ein Tool zur Zeiterfassung oder eine klassische alte Liste.
- Wer seine Zeiten nicht erfasst, bekommt kein Gefühl für die Wertigkeit seiner Arbeit.
- Hinterlegen Sie Ihre Produkte mit den aufgewendeten Stunden.
- Die Entwicklungszeit muss später beim Verkauf wieder zurückerwirtschaftet werden. Sie sollte idealerweise sogar mehrfach wieder eingespielt werden.

Viele Künstler und Freischaffende nagen am Hungertuch, weil sie nur vom punktuellen Verkaufserlös her denken, die Entwicklungszeiten aber außen vor lassen. Siehe dazu auch die Anmerkungen zur Skalierung im Kapitel Finanzen.

Geistesblitze und das Puzzle-Spiel Ihrer Gedanken

Sie sind am Ende dieses Buches angekommen. Wir hoffen, Sie hatten einige *Gedankenblitze*. Jede Idee hat diese grundlegenden Momente, vielleicht sogar magische Augenblicke. Es fügen sich Dinge zusammen und Sachen werden klar. Dann kommen wieder Phasen, in denen Land verloren geht und man von vorne beginnen muss.

Bleiben Sie dran

Füllen Sie den Begriff der Kreativität neu: Sehen Sie Ihr Smart Business wie ein *Puzzle-Spiel*. Über lange Strecken werden viele Kleinigkeiten aussortiert. Sie legen ein Teil nach dem anderen an den richtigen Platz. Durchhalten ist angesagt. Doch es gibt einen großen Unterschied zum Puzzle: *Sie bestimmen, was für ein Bild Sie legen!* Das ist das Faszinierende am eigenen Business. Sie haben es in der Hand. Es ist Ihr Bild, Ihr Motiv.

Wie innovativ muss Ihre Idee am Ende eigentlich sein?

Gar nicht so viel, wie Sie vielleicht meinen. Es reicht, an einer Stelle WOW! zu sein. Die Kunst, ein gutes *Smart Business Concept* zu entwickeln, ist die Kunst, Bestehendes gezielt zu verändern. Es geht nicht um Erfinden, sondern um *Modellieren*. Überschreiben Sie bestehende Modelle, schauen Sie ab, passen Sie an, kombinieren Sie neu und wichtig: Vereinfachen Sie!

Ein Grund für dieses Vorgehen: Grundlegend Neues braucht häufig Jahrzehnte, bis es sich durchsetzt. Eine Variante von etwas Bestehendem kann dagegen innerhalb kurzer Zeit erfolgreich sein.

Der Zweite Grund: Sie wollen fertig werden und nur so viel investieren, wie Sie Zeit und Geld haben. Nehmen Sie sich also nicht zu viel vor.

Eine solide Idee mit einem Wow!-Sprung reicht für Ihre Unabhängigkeit. Und hin und wieder geht es sogar, wenn die Idee nur solide ist.

Und zu guter Letzt:

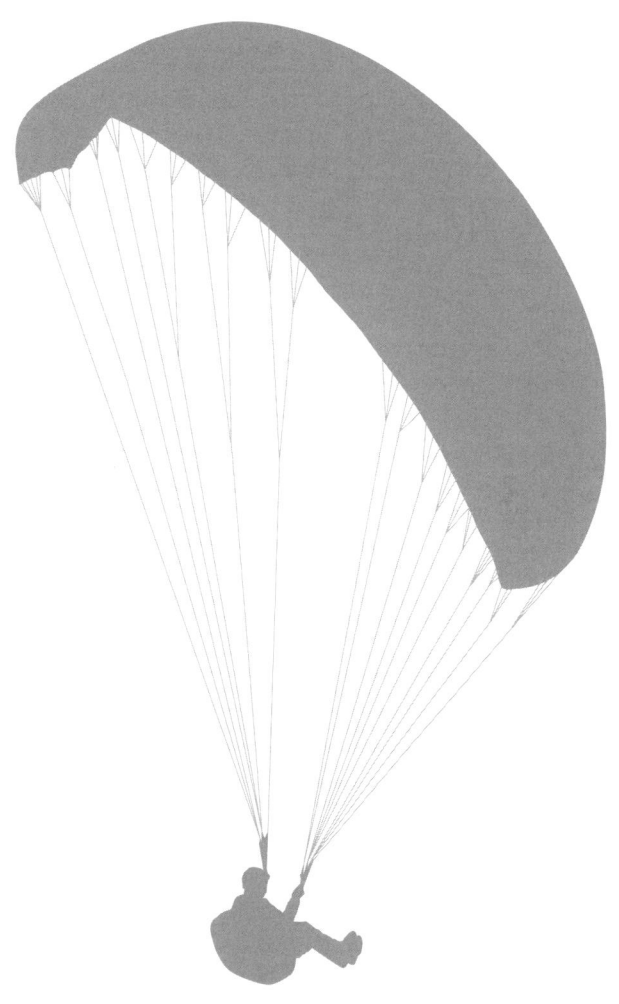

Vertrauen Sie Ihrer Idee, wenn Sie da ist

Ihre neun Schritte zu mehr Leichtigkeit

Persönlichkeit

Neue Dinge sehen

Mental Model

❶ Bei sich selbst starten
Das eigene Warum klären

❷ Den Blick weiten
Im kreativen Raum Systeme durchschauen

❸ Die Steuerräder Ihrer Zukunft
Ein Smart Business richtig steuern

Geschäftsmodell

Neue Prozesse denken

Business Model

❹ Geschäftsmodelle modellieren
Abläufe analysieren und neu kombinieren

❺ Ein WOW!-Angebot schaffen / 18 smarte Modelle
Einfach, skalierbar, automatisierbar

❻ Die Kraft des Internets nutzen
Virtuelle Firmen und Maschinen aufbauen

Umsetzung

Neue Dinge tun

Marketing Model

❼ Sich klar positionieren + smartes Marketing betreiben
Ihre Treppe in den Markt

❽ Cashflow, Finanzen und Vermögen
Smarter Umgang mit Geld und Vermögen

❾ Smart mit seiner Zeit umgehen
Richtig planen und fokussiert arbeiten

Zusammenfassung

*Etwas unternehmen
mit Kopf und Herz.
Gedanken teilen,
sich verbinden
und verbünden.*

Was wir Ihnen wünschen

Smart Business Concepts sind Geschäftsmodelle, die Ihre Unabhängigkeit steigern und Ihre Arbeitsbelastung senken. Wir wünschen Ihnen die Klarheit, Ihr Business Schritt für Schritt so zu transformieren, dass Sie Ihre persönlichen Wünsche erreichen. Wir hoffen, unser Programm hilft Ihnen, Ihre Idee zu finden. Wir glauben daran, dass es sie gibt.

Als wir aus Hamburg wegzogen und uns in der Nähe der Lüneburger Heide ein Haus bauten, sagten einige: „Das kann nicht gut gehen. Sie gehen raus aus der Stadt. Wie wollen Sie in Kontakt bleiben?" Wir wohnen und arbeiten jetzt dort, wo andere Urlaub machen. Mit unserer Fokussierung und dem Umzug sind wir einen großen Schritt unserer smarten Lebensform näher gekommen. Das mit der freien Zeit klappt noch nicht immer. Wir arbeiten daran und erhöhen Stück für Stück unseren Smartisierungsgrad.

Smart Business Concept – Ja oder Nein?

Es kann sein, dass Sie während des Lesens festgestellt haben, dass Sie mit Ihrem Leben zufrieden sind und ein *Smart Business Concept* nichts für Sie ist. Das ist vollkommen in Ordnung. Dieses Buch bedeutet nicht, dass andere Ansätze falsch sind. Es sind Lösungen für andere Situationen. Sie haben unseren Respekt. Unterschiedliche Lebensmodelle tragen unsere Gesellschaft. Andererseits: Wenn Unabhängigkeit für Sie ein so hoher Wert ist wie für uns – scheuen Sie sich nicht, Ihren Weg zu gehen.

Seien Sie smart, verändern Sie Ihr Leben und das von anderen.

Ihre

Brigitte Conta Gromberg

Bei mir hat sich in der Tat einiges verändert,
vor allem die Möglichkeit eine Idee nicht von
A bis Z selbst anschieben, weiterschieben,
schieben, schieben, schieben zu müssen,
sondern einem Projekt das eigene Laufen zu lehren.

Volker Winkler
betreibt memorius.de

Das Leben muss gar nicht
so verdammt schwer sein.
Wirklich nicht.

Timothy Ferriss
Ehemaliger Inhaber von BrainQUICKEN
In seinem Buch „Die 4-Stunden-Woche"

ANHANG

DANKE

Vielen Dank an alle, die durch ihre

Gespräche und Mitarbeit zu diesem

Buch beigetragen haben.

Danksagung

Insbesondere wollen wir uns bedanken bei:

Jörn-Hendrik Ast	der als Blogaholic und Social Mediaist stets Rat gab.
Prof. Günter Faltin	der in Deutschland einer der führenden Vordenker ist und dessen Tee wir gerne trinken. Danke für das Vorwort.
Timothy Ferriss	den wir nie persönlich trafen, der uns aber so geärgert hat, dass wir dieses Buch schreiben mussten.
Thomas Fröhlich	für den Blick über die Schulter.
Henning Groß	für den Austausch und alle wertvollen Hinweise.
Michael Große	der viele Dinge sah, die andere überlasen.
Werner Tiki Küstenmacher	den Autorpreneur-Experten, der uns in puncto Auflagen schon lange die Rücklichter gezeigt hat.
Claudia Marxen	die bewiesen hat, dass Hamburg und Madeira gleichzeitig möglich ist.
Claudia Schröder Bernd Oestereich	die trotz voller Kalender nicht nur Zeit fanden das Skript zu lesen, sondern noch ein Abendessen obenauf legten.
Eugen Simon	der uns mehr als ein Licht aufsteckte.
Thomas Stahl	der uns mit den Trends aus den USA versorgte.
Volker Winkler	der uns in der Umsetzung immer einen Schritt voraus ist.
XING Gruppe Solopreneur	für alle Offenheit und Fragen.
Smart Business Intensivgruppe	für die vielen smarten Geschäftsideen, die wir sehen und begleiten durften.

Liste der Fallbeispiele

Quellverweise

Einführung

S. 10   Xavier Naidoo: Mut zur Veränderung, 2010 naidoo records GmbH

Schritt 1 - Bei sich selbst starten

S. 22   Steve Jobs, Rede auf der Abschlussfeier vor Studenten an der Stanford University, 12 Juni 2005
          Text Original: http://news.stanford.edu/news/2005/june15/jobs-061505.html
          Übersetzung ins Deutsche Michael Bischoff: www.ley-partner.de/rede-steve-jobs.pdf
S. 29   Gerard O'Neill, Okt 1998 in einem Vortrag auf der Internet World Business Conference, Dublin.

Schritt 2 - Den Blick weiten

S. 38   Sinngemäß nach Walt Disney: The Illusion of Life, Hyperion Verlag 1981, Seite 13
S. 38   Jonas Ridderstråle, Kjell A. Nordström: Funky Business! Financial Times Prentice Hall 2000, S. 33
S. 56   Amy C. Edmondson: Flexibel zum Ziel, Teamwork 2.0, Harvard Business Manager, 06/2012, S. 22 ff.

Schritt 3 - Die Steuerräder der Zukunft in der Hand behalten

S. 60   René Gaßmann, Inhaber von Hapiness Events, Schwerin im Gespräch mit uns Nov. 2011.

Schritt 4 - Geschäftsmodelle modellieren

S. 74   Aus John Russel: Matisse und seine Zeit, Time Life International 1973, S. 78
S. 74   Alexander Osterwalder, Yves Pigneu: Business Model Generation, Campus Verlag 2011, S. 19
S. 76   Stichwort Modellieren: Oliver Gassmann, Michaela Csik, Karolin Frankenberger:
          Aus alt mach neu, Harvard Business Manager, Juni 2012, S. 18

Schritt 5 - Ein WOW!-Angebot schaffen

S. 92   „A smartphone might involve as many as 250,000 (largely questionable) patent claims ... „
          Google Justiziar David Drummond im März 2011 im Google-Blog. Information aus dem sog.
          Patentkrieg im Smartphone-Bereich, in dem Apple, Microsoft, Google, Samsung, HTC und
          andere Hersteller seit 2010 versuchen, sich gegenseitig die Vormachtstellung streitig zu machen.
          Quelle:
          www.googleblog.blogspot.com, 08.03.2011, When patents attack Android, David Drummond
S. 92   Jack Trout, Steve Rivkin: Die Macht des Einfachen, Ueberreuter Wien, Frankfurt 1999, S. 113
S. 94   Tom Peters: Re-imagine! Gabal Verlag Offenbach 2007, Kapitel 15 und 16, S. 196 ff.
S. 106   Das Beispiel Strida haben wir entdeckt bei:
          Anja Förster, Peter Kreuz: Different Thinking!, Redline Wirtschaft Frankfurt, Main, 2005, S. 58
S. 107   The Slanket / Snuggie. Quellen waren diverse Internetseiten mit Stand April 2012
S. 109   Die Bergmann 1957, brand eins 05/2010, Markenkolumne S. 16
S. 115   Nadine Ahr: Der Risolier, Artikel in DIE WELT, Karrierewelt, 30.04.2011, S. 12 und Internet
S. 117   Thomas Kirschner: Selbst publizieren, BoD 2003, S. 11
S. 119   Die Faustformel „1.000 Besucher pro Tag" wurde auf der re:publica 2012 genannt und
          z.B. auch von Jochen Mai in seinem Blog am 06. Mai 2012:
          http://karrierebibel.de/mit-blogs-geld-verdienen-so-lasst-sich-die-eigene-website-vermarkten/
S. 121   „10.000 Aufträge pro Tag" zu Flyeralarm stammt aus dem Artikel von Volker Marquardt:
          Die Krisengewinner, brand eins 12/2011, S. 38
S. 126   Andy Piller: „One day about three years ago I was sitting with a couple of friends on my balcony
          having a few beers. I obviously had a few to many because I asked: 'Hey, wouldn't it be cool to
          charter one of these and put a heavy metal festival on?' That was when the idea of 70000TONS
          OF METAL was born." Interview am 15.10.2010
          radiometal.com. www.radiometal.com/en/article/the-love-boat,9608

S. 129   Bruno Sälzer: ESCADA setzt mehr auf weniger, Financial Times Deutschland 19.01.2012, S. 124
S. 131   Die Aussage „halb so teuer" ist vereinfacht. Streetscooter setzte sich mit diversen Kostenfaktoren der Mobilität auseinander. Vortrag von Prof. Dr.-Ing. Achim Kampker im „Treffpunkt Innovation" der Wirtschaftsförderungsgesellschaft im Landkreis Harburg am 20.03.2012 und von der Website www.streetscooter.eu/unternehmen-a-strategie/wie-alles-anfing.html (Stand 06.04.2012). Diese Unterseite ist heute nicht mehr im Netz.

Schritt 6 - Die Kraft des Internets nutzen

S. 152   Timothy Ferriss: Die 4-Stunden-Woche, 2. Auflage Econ, Ullstein Buchverlag Berlin 2008, S. 228

Schritt 7 - Sich klar positionieren + smartes Marketing betreiben

S. 156   Peer-Holger Stein: Marken Monopole, Konzept & Analyse, Nürnberg Verlag 1997, S. 26 und 27
S. 156   Christian Häfner (Happy Coffee / FastBill), 04.06.2015 auf seinem Blog LetsSeeWhatWorks: https://de.letsseewhatworks.com/mit-einem-blog-geld-verdienen/
S. 164   Zu den Ausführungen „Was müssen Sie in Ihrem Marketing erreichen?" empfehlen wir auch das Buch „Das Geheimnis der BREAK BREAKERS" von J. Pérez Cuesta, R. Esteve und G. Beilke.

Schritt 8 - Cashflow, Finanzen und Vermögen

S. 172   Jacques Séguéla, Quelle unbekannt
S. 172   Werner Tiki Küstenmacher: simplify your life, Weltbild Verlag Augsburg 2005, S. 82
S. 172   Timothy Ferriss über den Verkauf von BrainQuicken in einem Interview im Inc. Magazine am 11. Nov 2010. http://www.inc.com/articles/2010/10/why-tim-ferriss-sold-brainquicken.html Übersetzung: Ehrenfried Conta Gromberg.
S. 175   MJ DeMarco: The Millionaire Fastlane, Crack the code to wealth and live rich for a lifetime! Viperion Publishing Corporation, Phoenix 2011
S. 175   Das Zitat von Felicia Hargarten und Marcus Meurer stammt aus dem Interview vom 6. Nov 2013 von Ben Paul auf One Day Profits, „Digitale Nomaden - hier im Interview!" http://www.onedayprofits.de/digitale-nomaden-interview/
S. 186   Revenue-Streams: Erik Schlie, Jörg Rheinboldt, Niko Waesche: Simply Seven, Seven Ways to Create a Sustainable Internet Business, Palgrave Macmillan, Basingstoke UK 2011, S. 20
S. 186   Zur Aussage, dass im Internet mit Retail zur Zeit am meisten Geld verdient wird: Erik Schlie, Jörg Rheinboldt und Niko Waesche untersuchten die 100 führenden Websites mit Stand Jan 2010 gemäß der Nielsen Top 100 Websites. Das Ergebnis: Retail war mit Abstand führend. ebd, S. 170

Schritt 9 - Von Anfang an smart mit seiner Zeit umgehen

S. 190   Werner Tiki Küstenmacher: simplify your life, Weltbild Verlag Augsburg 2005, S. 140
S. 190   Cyril Northcote Parkinson: Management für Aufsteiger, 196 respektlose Anmerkungen für unternehmerischen Erfolg, Verlag Norman Rentrop, Bonn 1988, S. 64
S. 200   Kevin Coyne, Patricia Gorman Clifford, Renée Dye: Querdenken mit System, Harvard Business Manager, Oktober 2010, „Breakthrough Thinking from Inside the Box" by Harvard Business School Publishing 2007
S. 202   Teams können kreativer Lösungen finden. Es gibt viele Belege. Einer davon: Alex „Sandy" Pentland: Kommunikation ist der Schlüssel, Harvard Business Manager, Mai 2012, S. 37 ff. Der Artikel belegt, dass alleine eine erhöhte Kommunikation in Teams schon die Lösungsfähigkeit erhöht.

Anhang

S. 210   Timothy Ferriss: Die 4-Stunden-Woche, 2. Auflage Econ, Ullstein Buchverlag Berlin 2008, S. 16

 solo gemacht in der Nähe von Hamburg

Wie wir produzieren

Gedruckt wurde in Deutschland. Gelagert wird in Deutschland.

WASSER NEUTRAL

Klimawandel hat nicht nur mit CO_2 zu tun. Aus diesem Grunde kompensieren wir zusätzlich auch den Wasserbrauch. Wir haben für die 4. Auflage einen Wasserverbrauch von 60.000 Litern zu Grunde gelegt und eine Kompensations-Spende an nonwatersanitation.de überwiesen. *Non Water Sanitation* führt in Indien ökologische Trockentoiletten in Dörfer ein, die bisher keine eigene Sanitärversorgung haben.

CO₂ NEUTRAL

Die bei der Produktion dieses Buches freigesetzten CO_2-Emissionen wurden ausgeglichen durch Klimaschutz-Zertifikate von *Arktik* (*Gold Standard Zertifikate*). Mehr Informationen finden Sie unter *arktik.de* und *goldstandard.org*. Die Projekte werden auf Nachhaltigkeit vom *TÜV Nord* und vom *WWF* geprüft. Informationen, wie die Emissionen dieses Buches ermittelt und konkret kompensiert wurden, erhalten Sie unter *klima-druck.de*.

PAPIER

Alle in diesem Buch verwendeten Papiere sind FSC®-zertifiziert. Sie stammen aus Wäldern, die gemäß den Prinzipien des FSC® verantwortungsvoll bewirtschaftet werden. www.fsc-deutschland.de

Literatur

Auf diese Bücher wurde im Buch Bezug genommen. Die meisten davon sind keine Solopreneurbücher, enthalten aber wichtige Aspekte. Links stehen Schrittmacherbücher. Rechts Bücher, die Teilaspekte ergänzen.

Funky Business
Wie kluge Köpfe das Kapital zum Tanzen bringen
Jonas Ridderstråle, Kjell A. Nordström
Financial Times Prentice Hall, München
2000, Sprache Deutsch, Paperback 252 Seiten
ISBN 3-8272-7108-8

Kopf schlägt Kapital
Die ganz andere Art, ein Unternehmen zu gründen
Günter Faltin
Carl Hanser Verlag, München
2008, Sprache Deutsch, Hardcover 248 Seiten
ISBN 978-3-446-41564-5

simplify your life
Einfacher und glücklicher Leben
Werner Küstenmacher, Lothar J. Seiwert
Weltbild Verlag, Augsburg
2005, Sprache Deutsch, Hardcover 352 Seiten
ISBN 3-8289-2063-2

Die 4-Stunden-Woche
Mehr Zeit, mehr Geld, mehr Leben
Timothy Ferriss
Econ, Ullstein Buchverlage GmbH, Berlin
2008, Sprache Deutsch, Paperback 352 Seiten
ISBN 978-3-430-20051-6

Makers
Das Internet der Dinge – die nächste industrielle Revolution
Chris Andersen
Carl Hanser Verlag, München 2013
Sprache Deutsch, Hardcover 285 Seiten
ISBN 978-3-446-43482-0

The Long Tail
Nischenprodukte statt Massenmarkt – Das Geschäft der Zukunft
Chris Anderson
Carl Hanser Verlag, München
2007, Sprache Deutsch, Hardcover 292 Seiten
ISBN 978-3-446-40990-3

Simply Seven
Seven Ways to Create a Sustainable Internet Business
Erik Schlie, Jörg Rheinboldt, Niko Marcel Waesche
Palgrave Macmillan, Basingstoke UK
2011, Sprache Englisch, Hardcover 196 Seiten
ISBN 978-0-230-30817-6

Business Model Generation
Ein Handbuch für Visionäre, Spielveränderer und Herausforderer
Alexander Osterwalder, Yves Pigneur
Campus Verlag, Frankfurt am Main
2011, Sprache Deutsch, Paperback 286 Seiten
ISBN 978-3-593-39474-9

Re-imagine!
Spitzenleistungen in chaotischen Zeiten
Tom Peters
Gabal Verlag, Offenbach
2007, Sprache Deutsch, Hardcover 352 Seiten
ISBN 978-3-89749-726-9

Job Future - Future Jobs
Wie wir von der neuen Arbeitswelt profitieren
Lynda Gratton
Carl Hanser Verlag, München
2012, Sprache Deutsch, Hardcover 368 Seiten
ISBN 978-3-446-43009-9

Englisch erschienen unter dem Titel:
The Shift, *The Future of Work is already here.*
Defintiv der bessere Titel, denn es
geht in Zukunft nicht um Jobs ;-)

Die dritte industrielle Revolution
Die Zukunft der Wirtschaft nach dem Atomzeitalter
Jeremy Rifkin
Campus Verlag, Frankfurt am Main
2011, Sprache Deutsch, Hardcover 304 Seiten
ISBN 978-3-593-39452-7

Wissen Sie, wie viel in Ihnen steckt?

www.smartbusinessconcepts.de/ideen-generator

Holt Ihre Idee
ans Tageslicht.

Das bewährte
Ideen-Arbeitspferd.

„Das ist etwas vom Besten.
Sehr überzeugend."

Prof. Dr. Markus Hodel
Hochschule Luzern
Wirtschaft / Betriebswirtschaft
www.hslu.ch

Ideen kann man smart entwickeln

Warten Sie nicht auf einen Geistesblitz! Der Ideen
Generator bringt Ihre Gedanken gezielt zum Glühen.

Vier bewährte Module (die wir auch in unseren
Intensivgruppen einsetzen) führen Sie auf eine Reise
durch Ihr eigenes Potenzial und kreuzen dieses
mit den Möglichkeiten der Smart Business Concepts.

Finden Sie die Geschäftsidee, die Ihr Leben verändert

Ihre Treppe zum Erfolg

www.smartbusinessconcepts.de/marketing-generator

Der erste Marketingkurs speziell für Solopreneure und smarte Teams.

- Vertrauensmarketing schlägt Giermarketing.

- Professionelle Solopreneur-Marken aufbauen.

- Performance Marketing leicht gemacht.

Smartes Marketing flexibel steuern

Ohne Marketing steht Ihre Idee auf kalten Füßen. Viele Marketing-Anleitungen sind aber zu einseitig und lassen Ihnen keinen Spielraum. Nicht so in diesem Generator.

Lernen Sie, wie Sie mit der Produkt-Treppe Ihr komplettes Marketing smart steuern.

„Wir gehen mit unserem ersten Produkt an den Start. Auf unserer Produkt-Treppe steht die TRAUERBOX in der Tragschicht. Der Marketing Generator war richtungsweisend für diesen Schritt."

Johanna Wilke
Timm Wienberg
www.trauerbox.de

Richtig sehen – richtig begleiten

www.smartbusinessconcepts.de/train-the-trainer

Richtet sich an Berater, Trainer und Coaches.

„Ein Instrument, das konsequent alte Wege verlässt und die Biografie des Gründers in den Vordergrund des Geschäftskonzepts stellt."

Prof. Dr. Kerstin Wagner
Schweizerisches Institut
für Entrepreneurship
SIFE – HTW Chur

Hilft, professionell zu begleiten

Smarte Geschäftskonzepte sind in den vielen Start-up Zentren noch nicht bekannt und häufig auch nicht gerne gesehen. Dies führt immer wieder zu Fehlberatungen.

Der Train the Trainer hilft Beratern, Geschäftstypen korrekt zu unterscheiden und Entrepreneure richtig zu begleiten.

Die Komponenten-Liste

www.smartbusinessconcepts.de/komponenten-liste

Die 200 wichtigsten Komponenten übersichtlich geordnet und bewertet.

Spart Ihnen viele Stunden Zeit

In der Regel hat ein Smart Business Concept ein Set von ca. 10 Komponenten. Je nach Solopreneur-Typ brauchen Sie dabei andere Kombinationen.

Die Komponenten-Liste nimmt Ihnen die Arbeit ab, sich selbst einen Überblick in der Fülle der Angebote zu verschaffen.

„Endlich eine zentrale Liste im Komponenten-Dschungel."

Dr. Barbara Eisenbart
Dozentin für Unternehmertum
Universität Liechtenstein
Startup-Coach
Technopark Allianz Schweiz

SMART BUSINESS CONCEPTS

vier Wege, noch smarter zu werden

Smart Business Newsletter

Über unseren Newsletter bleiben Sie auf dem Laufenden. Tipps, alle Termine, neue Materialien.

smartbusinessconcepts.de/newsletter

Smart Business Intensivgruppe

Drei Monate zusammen mit anderen an der eigenen Strategie feilen und neue, smarte Ideen entwickeln.

smartbusinessconcepts.de/intensivgruppe

Solopreneur Day

Deutschlands erster Fachtag für Solopreneure. Verschiedene Sessions mit Impulsreferaten.

solopreneurday.de

XING-Gruppe Solopreneur

Auf XING moderieren wir die Gruppe *Solopreneur*. Bewerben Sie sich kurz und wir schalten Sie in die Gruppe. Dort stellen wir aktuelle Solo Cases vor.

xing.com/net/solopreneur